应用型本科信息大类专业"十三五"规划教材

Office
高级应用案例教程

主　编　刘妮妮　汪　莉　程彩凤
副主编　史艳萍　张蓓蓓　张　霖

U0370067

华中科技大学出版社
http://www.hustp.com
中国·武汉

内 容 简 介

本书是全体作者结合长期从事"计算机基础"和"Office高级应用"课程教学的教学经验,跟踪学习先进的教学理念、教学方法和教学手段,通过多次讨论、集思广益、分工合作的成果。

本书可作为普通高等院校,以及高校专科学生和高等职业院校"Office高级应用"课程的教学用书,也可作为全国计算机等级考试二级 MS Office 高级应用考试、成人教育和办公自动化高级培训的教材。

为了方便教学,本书还配有电子课件等教学资源包,任课教师和学生可以登录"我们爱读书"网(www.ibook4us.com)注册并浏览,任课教师还可以发邮件至 hustpeiit@163.com 索取。

图书在版编目(CIP)数据

Office高级应用案例教程/刘妮妮,汪莉,程彩凤主编. —武汉:华中科技大学出版社,2019.1(2021.1 重印)
应用型本科信息大类专业"十三五"规划教材
ISBN 978-7-5680-4717-3

Ⅰ.①O… Ⅱ.①刘… ②汪… ③程… Ⅲ.①办公自动化-应用软件-高等学校-教材 Ⅳ.①TP317.1

中国版本图书馆 CIP 数据核字(2019)第 020547 号

Office 高级应用案例教程
Office Gaoji Yingyong Anli Jiaocheng

刘妮妮　汪　莉　程彩凤　主编

策划编辑:康　序
责任编辑:康　序
责任监印:朱　玢
出版发行:华中科技大学出版社(中国·武汉)　　电话:(027)81321913
　　　　　武汉市东湖新技术开发区华工科技园　　邮编:430223
录　　排:武汉三月禾文化传播有限公司
印　　刷:武汉科源印刷设计有限公司
开　　本:787mm×1092mm　1/16
印　　张:13
字　　数:342千字
版　　次:2021年1月第1版第2次印刷
定　　价:35.00元

前言

PREFACE

随着办公自动化在企业、事业单位的普及，能够熟练掌握 Microsoft Office 办公软件成为对应聘者的基本要求。各大院校开设的"计算机基础"课程在不同程度上介绍了 Office 的三大组件（Word、Excel 和 PowerPoint）的使用方法，使学生掌握了这三个办公软件的基本知识和操作技能，但更多实用的技术、技巧和高级功能并没有为学生所掌握，他们运用 Office 所做的工作仍然是比较低效的，还不能够满足对 Office 技能要求较高岗位的需要。

在中国高等院校计算机基础教育改革课题研究组编制的《中国高等院校计算机基础教育课程体系 2008》中，提倡"以应用为主线"或"直接从应用入手"来构建课程体系。在《中国高等院校计算机基础教育课程体系 2014》中，继承和发展了"面向应用"的教学理念，并进一步提出"以应用能力培养为导向，完善复合型创新人才培养实践教学体系建设"的工作思路。

全国计算机等级考试（NCRE）从 2013 年下半年开始，新增了二级"MS Office 高级应用"科目。其中要求参试者具有计算机应用知识，尤其应具备利用 MS Office 办公软件在实际办公环境中开展具体应用的能力。

鉴于此，我们结合多年的实践教学经验，参考了大量资料，针对多种需求开发了一系列在实践中得到应用的案例。在此基础上，进行提炼和加工，编写了本书。

本书的主要特色如下。

（1）采用"项目导向，任务驱动"的教学理念编写，从培养学生的应用能力和专业能力出发，打破了传统的知识体系结构的束缚，以完成实际工作任务为主线，在完成工作任务的实践中穿插讲授相关知识。每个案例都有实际应用背景，都有完成案例的详细步骤，同时穿插介绍操作技巧以及要点、重点和知识点。

（2）结合全国计算机等级考试二级考试大纲的要求，将知识点穿插进入项目，使读者在学习完本课程后具备参加二级考试的能力。

（4）在内容选取过程中着重选择在"计算机基础"课程中未进行重点介绍的知识点，实现与"计算机基础"课程的无缝对接，避免知识点的重复，提高学习效率。

本书的主要内容包括以下四个部分。

（1）第1章至第5章，介绍了 Word 2016 高级应用的代表性案例。其中包括：文档高级排版、长文档排版、客户资料卡、批量制作学生借阅证和制作电子报刊等。重点讲解表格的设置、分节符的使用、页眉页脚的生成、图表题注的使用、创建表格窗体和邮件合并等知识点。

（2）第6章至第10章，介绍了 Excel 2016 高级应用的代表性案例。其中包括：青年歌手大赛信息管理、差旅费管理、进销存管理、问卷调查和员工薪资查询系统等。重点讲解格式化表格、公式与函数、数据分析工具、宏与 VBA、表单的设计和图表展示等知识点。

（3）第11章和第12章，介绍了 PowerPoint 2016 高级应用的代表性案例。其中包括：高新技术企业科技培训课件和毕业论文演示文稿制作。重点讲解如何利用现有素材快速制作满足需求的 PPT 的技巧和知识点，以及制作汇报 PPT 需要遵循的原则和应注意的问题。

（4）第13章，对全国计算机等级考试二级 MS Office 高级应用考试进行介绍，并附有模拟考题，为准备报考二级的读者提供参考。

本书是全体作者结合长期从事"计算机基础"和"Office 高级应用"课程教学的教学经验，跟踪学习先进的教学理念、教学方法和教学手段，通过多次讨论、集思广益、分工合作的成果。本书由长江大学工程技术学院刘妮妮、汪莉、程彩凤担任主编，由贵州商学院史艳萍、桂林理工大学南宁分校张蓓蓓、昆明理工大学津桥学院张霖担任副主编，由刘妮妮负责全书的审核及统稿。其中，第1章至第8章由刘妮妮编写，第9章由程彩凤编写，第11章由汪莉编写，第10章由史艳萍编写，第12章由张蓓蓓编写，第13章由张霖编写。

本书可作为普通高等院校，以及高校专科学生和高等职业院校"Office 高级应用"课程的教学用书，也可作为全国计算机等级考试二级 MS Office 高级应用考试、成人教育和办公自动化高级培训的教材。

为了方便教学，本书还配有电子课件等教学资源包，任课教师和学生可以登录"我们爱读书"网（www. ibook4us. com）注册并浏览，任课教师还可以发邮件至 hustpeiit@163. com 索取。

由于编者水平有限，书中难免有不足之处，恳请广大读者批评指正。

编　者

2019 年 1 月

目录
CONTENTS

第 ① 章 Word 文档高级排版

　　"计算机基础"是高校公共基础课程,各院校会依据教育部大学计算机基础教学指导委员会制定的人才培养要求开设该课程。各高校一般会在大一上学期开设"计算机基础"课程,通过该课程的学习,使学生在学习计算机基础知识的同时,能够掌握计算机应用和操作技能,同时初步具备使用计算机获取知识、分析问题、解决问题的能力,逐步提升计算思维能力和信息素养,并为以后进一步学习和应用计算机知识打下坚实的基础。

　　"计算机基础"作为"Office 高级应用"的先导课程,在 Word 文字处理软件应用中已经学习过如何使用 Word 进行文字处理、文档创建、文档排版、文档美化和批量处理等技能。但是这些知识点在讲授时,多是独立的、不成体系的,本章将会综合学生之前所学的"计算机基础"知识外加拓展知识进行系统的实例操作演示。

　　本章以 Word 2016 为例,介绍如何对现有文档进行进一步排版和美化的方法,主要涉及的知识点包括:页面设置、字体设置、段落设置、插入表格和表格工具的使用、样式设置、设置制表位和文档排序等。

1.1　任务描述

　　在某旅行社就职的小林为了开发德国旅游业务,在 Word 中整理了介绍德国主要城市的文档,用于向客户进行推介。请按照如下要求帮助他对这篇文档进行完善,使该文档更加美观和更具可读性,排版原始文件如图 1-1 所示,排版效果文件如图 1-2 所示。

图 1-1　原始 Word 文件

1. 页面设置

首先对页面进行整体设置,设置页面页边距、页面边框和分页符。

2. 文档标题格式设置

对文档的标题格式进行设置。

3. 表格的设置

本章表格的设置包括将文本转换为表格和设置制表位利用 Tab 键生成表格两种方法。

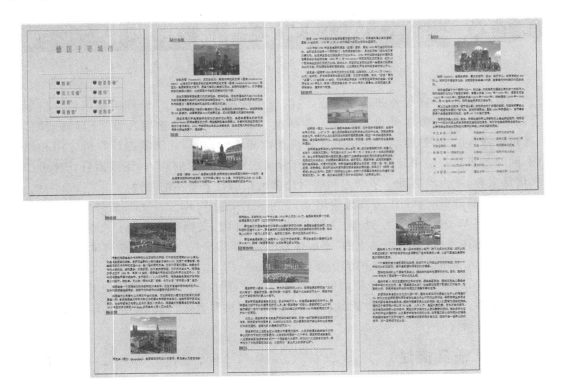

图 1-2　排版效果图

4. 样式设置

对文档中字体设置为红色的城市名称统一设置样式,以及对城市介绍的所有文本设置样式。

5. 标题排序

将所有的城市名称标题(包含下方的介绍文字)按照笔画顺序升序排列。

1.2　任务实施

打开素材文件夹中的"Word 素材.docx",将其另存为"Word 文档高级排版.docx"。

1.2.1　页面设置和分页符的使用

■ **例1.2.1** 通过页面设置可以调整所用纸张的大小、方向和文档的页边距,可以设置文档网格和版式等。具体要求如下。

(1) 修改文档的页边距,设置上、下页边距为 2.5 厘米,设置左、右页边距为 3 厘米。

(2) 为文档设置"阴影"型页面边框,设置主题颜色为"深蓝,文字 2,淡色 80%",设置页面边框为 1 磅,页面颜色设置为"茶色,背景 2,深色 25%"。并设置打印时可以显示背景色和图像。

(3) 在第 1 页绿色文字后插入分页符,使得正文内容从新的页面开始。

■ **操作步骤** (1) 设置页面布局。

选择"布局"→"页面设置"命令,在弹出的"页面设置"对话框中,修改页边距:上、下为2.5 厘米,左、右为 3 厘米,单击"确定"按钮,如图 1-3 所示。

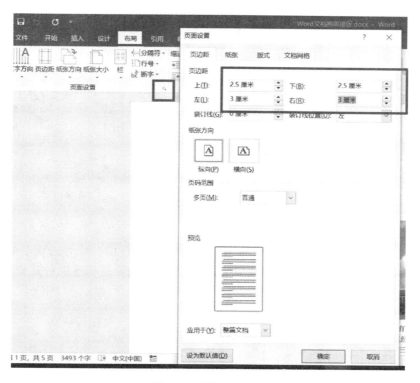

图 1-3　设置页面布局

（2）设置页面边框。

　　选择"设计"→"页面背景"→"页面边框"命令,在弹出的"边框和底纹"对话框的"页面边框（<u>P</u>）"选项卡中,"设置"选项组选择"阴影（<u>A</u>）","样式（<u>Y</u>）"选项组选择第 1 种样式,"颜色（<u>C</u>）"选择"深蓝,文字 2,淡色 80％","宽度（<u>W</u>）"选择"1.0 磅",最后单击"确定"按钮,如图 1-4 所示。

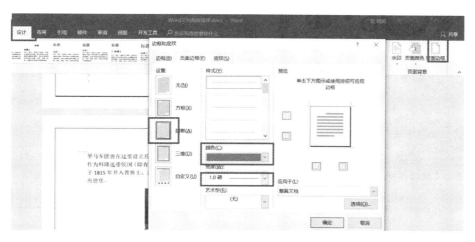

图 1-4　设置页面边框

（3）设置页面颜色。

　　选择"设计"→"页面背景"→"页面颜色"命令,在弹出的主题颜色中选择"深蓝,文字 2,淡色 80％",页面设置效果如图 1-5 所示。

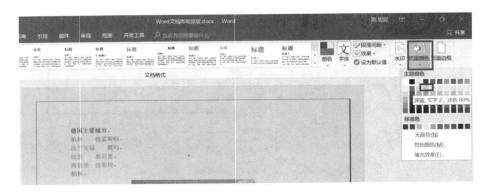

图 1-5　设置页面颜色

（4）设置打印项。

选择"文件"→"选项"命令，在弹出的"Word 选项"对话框的"显示"选项卡中，勾选"打印背景颜色和图像（B）"复选框，单击"确定"按钮，如图 1-6 所示。若不进行此设置，则打印文档时仅会将文档边框打印出来，文档背景色不会打印。

图 1-6　设置打印效果

注意：可通过选择"文件"→"打印"命令来查看文件的最终打印效果，在打印文档之前对文档进行设置和调整。

（5）分页。

将光标定位到第 1 页绿色文本下一行，选择"插入"→"页面"→"分页"命令，使正文内容从新的页面开始。

1.2.2　文档标题格式设置

例 1.2.2　将文档标题"德国主要城市"按照表 1-1 的要求进行格式设置。

表 1-1　标题格式要求

字体	方正姚体,加粗
字号	小初
对齐方式	居中
文本效果	渐变填充,径向渐变一个性色 6
字符间距	加宽,6 磅
段落间距	段前间距为 1 行;段后间距为 1.5 行

操作步骤　默认情况下,"方正姚体"不是 Word 中"字体"的默认选项,那么,怎么样安装一些特别的字体呢? 首先,在网上下载需要的字体,然后双击下载的安装程序进行安装。

（1）安装字体。

双击素材文件夹安装文件"方正姚体_GBK. ttf",如图 1-7 所示。安装完成后"字体"列表框中将会出现"方正姚体_GBK"选项。

图 1-7　方正姚体

注意:字体的运用仅限于其他计算机中也安装了相同的字体时才有效果,如果将文档传送给别人的话,最好不使用不常用的字体,特别是在制作网页的时候,这样容易出现乱码。

（2）设置标题字体和段落格式。

选中标题"德国主要城市",选择"开始"→"字体"选项组,在"字体"对话框中选中"字体(N)"选项卡,设置"字号(S)"为"小初",单击"确定"按钮。

选择"开始"→"字体"命令,在弹出的"字体"对话框中,选中"高级(V)"选项卡。在其中设置"间距(S)"为"加宽",设置"磅值(B)"为"6 磅",完成对字符的间距设置;点击"文字效果(E)…"按钮,在弹出的"设置文本效果格式"对话框中选中"渐变填充(G)"单选框,设置"预设渐变(R)"为"径向渐变-个性色 6",最后单击"确定"按钮,如图 1-8 所示,完成对标题字体的设置。

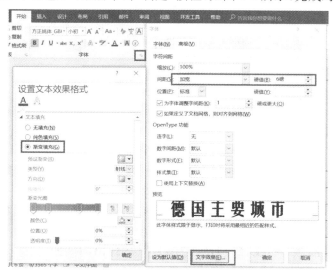

图 1-8　文字效果设置

（3）设置段前段后。

选择"开始"→"段落"，点击居中按钮，然后点击"段落设置"按钮，在弹出的"段落"对话框中设置段前间距为 1 行，设置段后间距为 1.5 行。

1.2.3 表格设置

在"计算机基础"课程中 Word 中表格的绘制是一个重点内容，下面介绍两种非常规表格的绘制。

例 1.2.3 （1）将文档第 1 页中的绿色文字内容转换为 2 列 4 行的表格，并进行如下设置，效果如图 1-9 所示。

（2）取消标题"柏林"下方蓝色文本段落中的所有超链接，选择本处所有文字后，设置段落制表位格式，制作图表，效果如图 1-10 所示。

中 文 名 称……柏林	气候条件…………温带大陆性气候
英 文 名 称……Berlin	著名景点…………国会大厦，勃兰登堡门等
行政区类别……首都	机　　场…………柏林泰格尔机场
地 理 位 置……德国东北部	火 车 站…………柏林中央火车站
面　　积……891.85km²	时　区…………UTC+1
人　　口……356 万(2014 年末)	夏令时间…………UTC+2
人 口 密 度……4000 人/km²	著名大学…………洪堡大学、自由大学

▓ 柏林	▓ 德累斯顿
▓ 法兰克福	▓ 魏玛
▓ 波恩	▓ 慕尼黑
▓ 海德堡	▓ 波茨坦

图 1-9　表格 1 效果　　　　　　　　　图 1-10　表格 2 效果

操作步骤 （1）表格 1 的具体操作步骤如下。

① 文本转换为表格。

选中第 1 页中的绿色文字，选择"插入"→"表格"→"文本转换成表格(V)"命令，采用"将文字转换成表格"对话框的默认设置，完成一个 4 行 2 列的表格的插入，如图 1-11 所示。

柏林	德累斯顿
法兰克福	魏玛
波恩	慕尼黑
海德堡	波茨坦

图 1-11　文字转换为表格

② 设置表格属性。

选中表格，选择"表格工具"→"布局"→"表"→"属性"命令，在弹出的"表格属性"对话框中选中"表格"选项卡，在"度量单位(M)"下拉菜单中选择"百分比"后设置"指定宽度(W)"为 80%，最后单击"确定"按钮，如图 1-12 所示，将表格的宽度变为页面的 80%。

选择"开始"→"段落"，点击居中按钮，将表格居中。

选择"表格工具"→"设计"→"边框"命令，在弹出的下拉菜单中选择无边框。

③ 为表格设置项目符号。

选择"开始"→"段落"→"项目符号"→"图片"，在弹出的如图 1-13 所示的"定义新项目符号"对话框中，找到图片所在路径，完成对项目符号的设置。

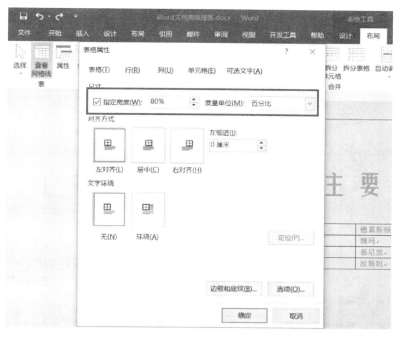

图 1-12　设置表格宽度为页面的 80%

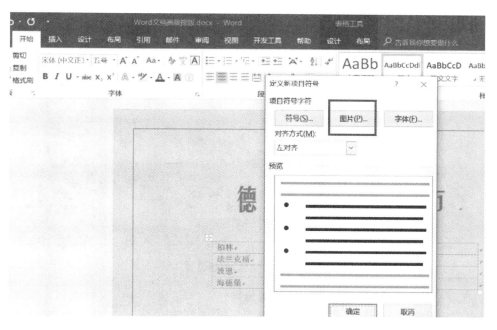

图 1-13　设置表格项目符号

　　选择"开始"→"段落"→"段落设置"命令，在弹出的"段落"对话框中选中"中文版式（H）"选项卡，在"字符间距"选项组中"文本对齐方式（A）"下拉列表中选择居中对齐，如图 1-14 所示，仔细观察会发现图片项目符号位置发生改变，与文字居中对齐。

　　④ 设置表格字体样式。

　　选择"开始"→"字体"，在"字体"下拉菜单中，字体选择"方正姚体_GBK"，"字号"选择

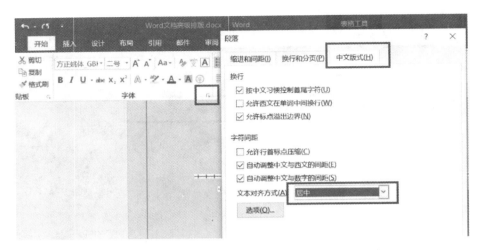

图 1-14　设置居中对齐

"二号",点击"段落"选项组右下侧的"段落设置"按钮,弹出"段落"对话框,在其中设置"左侧(L)"为 2.5 字符,如图 1-15 所示。

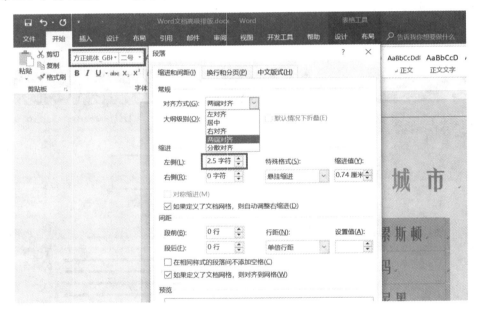

图 1-15　字体、缩进设置

⑤ 在表格的上、下方分别插入图片作为修饰。

将光标定位在标题后,按 Enter 键,选择"插入"→"图片"命令,在弹出的"插入图片"对话框中选择素材文件夹下的图片"横线.jpg",图片作为分割符插入文档。

采用相同的方式在表格下方插入图片"横线.jpg",并进行适当的调整,最终的调整结果如图1-9所示。

(2) 表格 2 的具体操作步骤如下。

① 删除超链接。

在书写文档时,很多资料需要通过网络下载,网络下载的资料在进行复制和粘贴之后会显示超链接格式,如图 1-16 所示,需要用户自己将超链接格式去掉。

中文名称柏林气候条件温带大陆性气候
外文名称Berlin 著名景点国会大厦，勃兰登堡门等
行政区类别首都机场柏林泰格尔机场
地理位置德国东北部火车站柏林中央火车站
面积891.85 km² 时区 UTC+1
人口356 万(2014 年末) 夏令时间 UTC+2
人口密度 4000 人/km² 著名大学洪堡大学、自由大学

图 1-16　超链接标记

选中图 1-16 中所示的文字，使用 Ctrl ＋ Shift ＋ F9 快捷键，一次全部取消。
②　设置制表位。

补充知识点：

制表位

制表位是指在水平标尺上的位置，是指定文字缩进的距离或一栏文字的开始之处。制表位的三要素包括制表位位置、制表位对齐方式和制表位的前导字符等。

● 位置　制表位位置用来确定表中内容的起始位置。例如，确定制表位的位置为 10.5 磅（point）时，在该制表位处输入的第一个字符是从标尺上的 10.5 磅（point）处开始，然后，按照指定的对齐方式从左向右依次排列。

● 对齐方式　制表位的对齐方式与段落的对齐格式完全一致，只是多了小数点对齐和竖线对齐方式。选择小数点对齐方式之后，可以保证输入的数值是以小数点为基准对齐；选择竖线对齐方式时，在制表位处显示一条竖线，在此处不能输入任何数据。

● 前导字符　前导字符是制表位的辅助符号，用于填充制表位前的空白区间。例如，在书籍的目录中，就经常利用前导字符来索引具体的标题位置。前导字符有四种样式，它们是实线、粗虚线、细虚线和点划线。

制表位是符号与段落缩进格式的有机结合，所以，只要是在普通段落中可以插入的对象，都能够被插入到制表位中。

选中图 1-17 中的文字，选择"开始"→"段落"→"段落设置"，在弹出的"段落"对话框中，点击左下角的"制表位（T）…"按钮，如图 1-17 所示，按照表 1-2 中的要求进行制表位的设置。

图 1-17　打开"制表位…"对话框

表 1-2　制表位要求

设置并应用段落制表位	8 字符,左对齐,第 5 个前导符样式
	18 字符,左对齐,无前导符
	28 字符,左对齐,第 5 个前导符样式
设置文字宽度	将第 1 列文字宽度设置为 5 字符
	将第 3 列文字宽度设置为 4 字符

在弹出的"制表位"对话框中按图 1-18 所示进行设置,在"制表位位置(T)"列表框内按照要求输入"8 字符",在"对齐方式"选项组中选中"左对齐(L)"单选框,在"引导符"选项组中选中"5……(5)"单选框,设置完成后点击"设置(S)"按钮,按照相同的方式设置"18 字符"和"28 字符"制表位,完成效果如图 1-19 所示,全部设置完成后单击"确定"按钮。

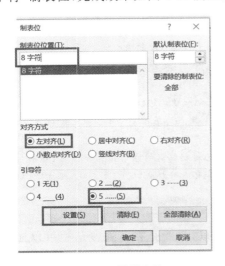

图 1-18　设置制表位 1

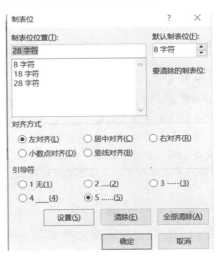

图 1-19　设置制表位 2

③ 显示"制表位"。

参照效果图 1-10,将光标定位到字符后,然后按 Tab 建,依次将"制表位"显示出来。最终设置完成后的效果图如图 1-20 所示。

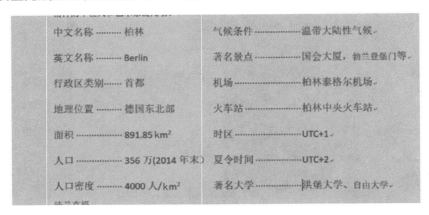

图 1-20　初步效果图

④ 设置字符宽度。

一个字符的宽度被称为其"设置宽度",是用像素表示的。

按住 Ctrl 键的同时选中"中文名称"、"英文名称"和"人口密度"等七个不连续的文本,选择"开始"→"段落"→"中文版式"命令,在弹出的菜单中选中"调整宽度",如图 1-21 所示。

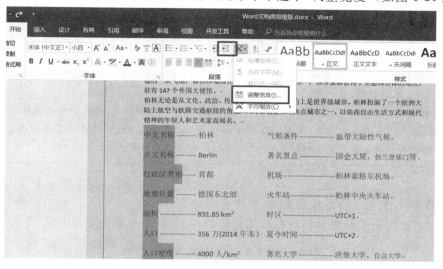

图 1-21　打开调整宽度对话框

在弹出的"调整宽度"对话框中,设置"新文字宽度(T)"为"5 字符",如图 1-22 所示。

图 1-22　设置字符宽度

采用相同的方式,将"气候条件"、"著名景点"和"著名大学"等七个字段的"新文字宽度(T)"设置为"4 字符"。得到结果如图 1-10 所示的表格。

> **注意**:多行不同字符数的文本若要设置左右宽度相同,可调整"当前字符宽度","新文字宽度(T)"不得小于字符数最多的文本的字符数值。

1.2.4　样式的设置

补充知识点:　　　　　　　　　　　样式

样式是一组已经编排好的字符格式和段落格式的组合,在文档的排版中,样式无处不在,它还是 Word 文档自动生成目录的前提,是格式的集合。在进行文档排版时,大多数时间进行的是重复性的工作,如设置标题样式,设置字符格式和段落格式等。使用样式可以一次性的将一组排版命令应用到文档中,大大提高工作效率。一旦修改了某个样式,Word 会自动更新整个文档中应用该样式的所有文本的格式,有助于保持格式的一致性。使用样式主要包括应用样式,编辑修改样式,创建新样式和删除样式等四个方面的应用。

（1）应用样式　在 Word 中新建文档都是基于一个模板,而 Word 中默认的模板是 Normal 模板,该模板中内置了多种样式,用户可以将其应用于文档的文本中。同样,用户也可以打开已经设置好样式的文档,将其应用于文档的文本中。

（2）修改样式　如果某些内置样式无法完全满足某组格式设置的要求,则可以在内置样式的基础上进行修改。这时可在"样式"任务窗格中,单击样式选项的下拉列表框旁的箭头按钮,在弹出的菜单中选择"修改"命令,并在打开的"修改样式"对话框中更改相应的选项即可。

（3）新建样式　如果现有文档的内置样式与所需格式设置相差较大时,可以创建一个新样式将会更有效率。根据需求的不同,可以分别创建字符样式、段落样式等。

（4）删除样式　在 Word 2016 中,可以在"样式"任务窗格中删除样式,但无法删除模板的内置样式。删除样式时,在"样式"任务窗格中,单击需要删除的样式旁的箭头按钮,在弹出的菜单中选择"删除"命令,将打开确认删除对话框。单击对话框中的"是"按钮,即可删除该样式。

例 1.2.4　新建样式实例,具体要求如下。

（1）为文档中所有红色文字内容应用新建的样式,其要求如表 1-3 所示。

表 1-3　字符样式要求

样 式 名 称	城 市 名 称
字体	微软雅黑,加粗
字号	三号
字体颜色	深蓝,文字 2
段落格式	段前、段后间距为 0.5 行,行距为固定值 18 磅,并取消相对于文档网格的对齐;设置与下段同页,大纲级别为 1 级
边框	边框类型为方框,颜色为"深蓝,文字 2",左框线宽度为 4.5 磅,下框线宽度为 1 磅,框线紧贴文字(到文字间磅值为 0),取消上方和右侧框线
底纹	填充颜色为"橄榄色,个性色 3,淡色 60%",图案样式为"5%",颜色为自动

（2）为文档正文中,城市名称下,城市介绍的所有文本应用新建立的样式,其要求如表 1-4 所示。

表 1-4　段落样式要求

样 式 名 称	城 市 介 绍
字号	小四号
段落格式	两端对齐,首行缩进 2 字符,段前、段后间距为 0.5 行,并取消相对于文档网格的对齐

操作步骤　（1）字符样式设置的操作步骤具体如下。

① 选中文档中的红色文字内容。

在文档中红色文本"柏林"后单击,选择"开始"→"编辑"→"选择"命令,在弹出的菜单中选择"选定所有格式类似的文本(无数据)(S)",如图 1-23 所示。则文档中所有的红色文本共八个城市标题被全部选中。

图 1-23　选定所有格式类似的文本

② 新建样式。

选择"开始"→"样式",单击"样式"选项组右侧的"样式"折叠按钮,在弹出的"样式"对话框中单击左下角的"新建样式"按钮,如图 1-24 所示。

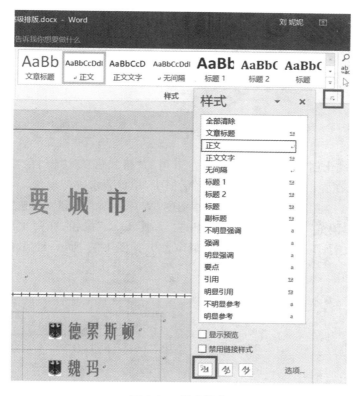

图 1-24　新建样式

在弹出的"根据格式化创建新样式"对话框中,根据要求进行如下设置。

● 修改"名称(N)"为:"城市名称"。

● 修改字体为:"微软雅黑";设置字体加粗;修改字号为"三号",如图 1-25 所示。

单击"根据格式化创建新样式"对话框左下角的"格式(O)"按钮,在弹出的菜单中单击"段落(P)..."选项,在弹出的"段落"对话框中,根据要求进行设置。

设置"大纲级别(O)"为"1 级";设置"段前(B)"为"0.5 行",设置"段后(F)"为"0.5 行";设置"行距(N)"为"固定值",设置其"设置值(A)"为"18 磅"。不选中"如果定义了文档网格,则对齐到网格(W)"复选框,如图 1-26 所示。

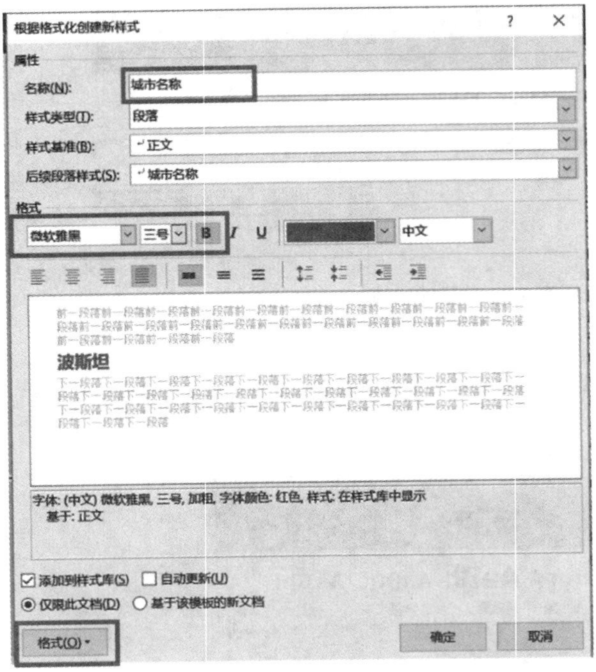

图 1-25　设置样式格式

图 1-26　设置段落

　　单击"根据格式化创建新样式"对话框左下角的"格式(O)"按钮,在弹出的菜单中选择"边框(B)…"选项,在弹出的"边框和底纹"对话框中,根据要求进行设置。

　　选择"颜色(C)"为"深蓝,文字 2",选择"宽度(W)"为"4.5 磅"。单击"预览"处,设置左框线为 1 磅;单击"预览"处,选中下框线;点击"选项(O)…"按钮,在弹出的"边框和底纹选项"对话框中,修改上、下、左和右距正文间距均为 0,如图 1-27 所示,最后单击"确定"按钮。

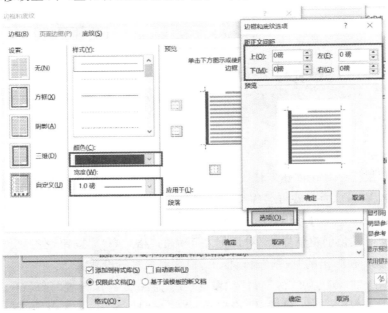

图 1-27　设置边框参数

在弹出的"边框和底纹"对话框中,单击"底纹（S）"选项卡,设置"填充"为"橄榄色,个性色3,淡色60％",设置"图案"选项组的"样式（Y）"为5％,设置"颜色（C）"为"自动",如图1-28所示。至此,完成了"城市名称"的样式设置,完成效果如图1-29所示。

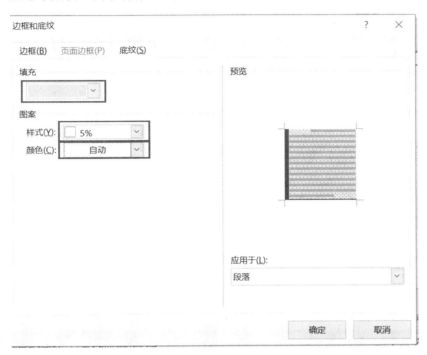

图 1-28　设置底纹

柏林.

图 1-29　完成效果图

（2）段落样式设置的操作步骤具体如下。

① 新建样式。

选中"柏林"下的文本,选择"开始"→"样式",单击"样式"选项组右侧的"样式"折叠按钮,在弹出的"样式"对话框中单击左下角的"新建样式"按钮,如图1-24所示。

在弹出的"根据格式化创建新样式"对话框中,根据要求进行如下设置。

● 修改"名称（N）"为"城市介绍"。

● 修改字体为"宋体";修改字号为小四。

单击"根据格式化创建新样式"对话框左下角的"格式（O）"按钮,在弹出的菜单中选择"段落（P）…"选项,在弹出的"段落"对话框中,设置"段前（B）"为"0.5行",设置"段后（F）"为"0.5行",设置"行距（N）"为"固定值"及"设置值（A）"为"18磅"。不选中"如果定义了文档网格,则对齐到网格（W）",如图1-30所示。

② 应用样式。

依次选中"法兰克福"、"波恩"和"波茨坦"等七个城市名称下面的文本,选中"开始"→"样式"选项组的"城市介绍"选项,为文本设置指定的格式,如图1-31所示。

例 1.2.5　排序功能在Excel表格中很常用,但如果对大量的文字进行排序时,

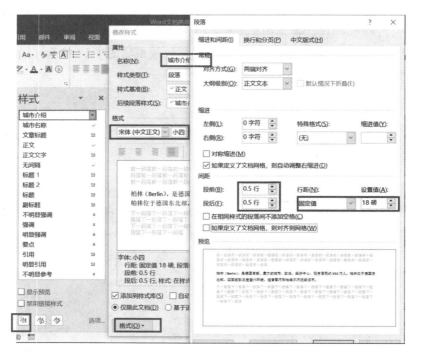

图 1-30 新建样式"城市介绍"

图 1-31 应用样式

则用 Word 会比较方便，下面介绍如何对 Word 文字进行排序。

操作步骤 （1）打开大纲视图。

单击"视图"选项卡，在"视图"选项栏选中"大纲"，如图 1-32 所示。

图 1-32 打开大纲视图

（2）设置"大纲显示"选项卡。

当将视图模式切换至"大纲"视图后，将会在菜单栏新增"大纲显示"选项卡，设置显示级别为"1 级"，如图 1-33 所示。

（3）排序。

单击"开始"→"段落"→"排序"，在弹出的"排序文字"对话框中设置"主要关键字(S)"为"段落数"，设置"类型(Y)"为笔画，单击"确定"按钮，如图 1-34 所示。完成排序后，排序结果如图 1-35 所示。

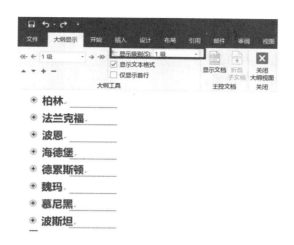

图 1-33 设置大纲实现级别

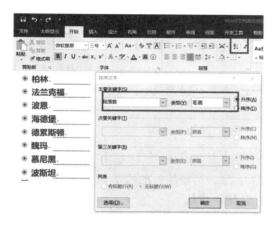

图 1-34 按笔画排序

图 1-35 排序结果

$$\boxed{\text{本 章 小 结}}$$

本章着重介绍了格式的设置方法,尤其使运用了制表位、样式和排序这些在"计算基础"课程中不常用的知识点,使整篇文档的排版更加的美观和立体,增加了可读性。

习　题　1

1.打开素材文件夹中的文件"××市政府统计工作年报.docx",按照以下要求进行格式设置。

（1）将文档中的西文（英文）空格全部删除。

（2）将纸张大小设为 16 开,上边距 3.2 cm,下边距 3 cm,左右各为 2.5 cm。

（3）请参考本书素材文件夹中的封面样例,利用素材前三行内容,制作一个封面页,令其独占一页。

其文字设置如下。

● 2016 年:宋体正文,加粗,下划线,40 号,白色。

● ××市政府信息公开工作年度报告:宋体正文,倾斜,加粗,二号,白色。

- ××市统计局·国家统计局××调查总队:宋体正文,小五,白色。
- 二〇一七年三月:宋体正文,三号,黑色,加粗。
- 替换中间图片为素材中的图片。

具体请参照素材文件夹中样图。

(4)将标题"(三)咨询情况"下用蓝色标出的段落部分转换为表格,为表格套用指定的内置表格样式为"浅色底纹-强调文字颜色3",使其更加美观,将表格外框设置为"红色,1.0磅",表格内框设置为"蓝色,0.75磅"。

(5)基于表格的数据,在表格下方插入一个饼图,用于反映各种咨询形式所占的比例,要求在饼图中显示百分比。其他设置要求如下。

- 图表标题位于图表上方。
- 图例:在左侧显示图例。
- 数据标签:在数据标签内显示百分比数字。

参考图如图 1-36 所示。

咨询形式	咨询人次	所占比例/(%)
现场咨询	93	5.04
电话咨询	1515	82.07
网上咨询	238	12.89
合计	1846	100

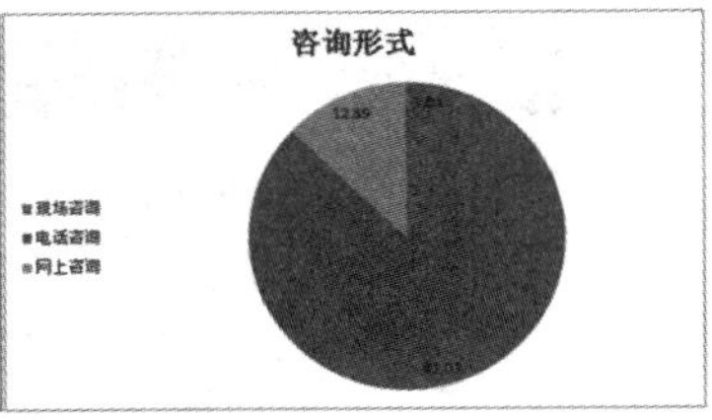

图 1-36　参考效果图

(6)将文档中以"一、二、三、…"开头的段落设置为"标题1"样式;将"(一)、(二)、…"等开头的段落设置为"标题2"样式;将"1、2、3、…"等开头的段落设置为"标题3"样式。并在视图中,以浏览文档中的标题的形式,打开导航窗格。

(7)将除封面外的所有内容分为两栏显示,但是前述表格和相关图表仍需跨栏居中显示,不用分栏。并调整表格和图表大小,使其在一页显示。

(8)在封面和正文之间插入目录,目录要求包含标题1~3级及对应的页号,目录单独占用一页,不用分栏。

(9)除了封面页和目录页外,在正文页上添加页眉及页脚,页眉内容为文档标题"北京市政府信息公开工作年度报告(要求宋体,小五)",页脚内容为页码。要求正文页码从第1页开始,其中奇数页,页眉标题居右显示,页脚页码居右显示;偶数页,页眉标题居左显示,页脚页码居左显示;并将最后一页单独设置页眉和页脚。

第②章　长文档排版

所谓长文档,是指除了字符的篇幅较长(几十页甚至数百页)之外,还包含很多其他文档元素,如表格、图片、图形、图表、流程图、艺术字、公式、动画、声音和视频等的文档。长文档一般有目录,以便于阅读。对于这样的长文档,排版的难度由构成文档的元素种类和复杂程度所决定,要求编排者具有综合的编排知识和熟练的高级操作技能。

实际中经常遇到的需要编排的长文档包括论文(尤其是科技论文)、地区或单位的发展规划、单位或项目的工作计划和工作总结、国家和地方的法规、单位的管理规章制度、新产品介绍、工业产品使用说明书(手册)和书籍等。

本章通过介绍毕业论文的排版,让读者了解毕业论文的基本结构,熟练掌握应用 Word 处理长文档(如毕业论文、营销报告、产品说明书、宣传手册、活动计划等)格式的技术和技巧,并能举一反三。

2.1　任务描述

本章主要介绍毕业论文文档的编排方法,其格式要求应满足国家计算机二级 MS Office 考试长文档排版要求和各院校本科毕业生论文格式要求。为了便于学习和操作,下面将整个长文档编排任务分解为以下内容。

1. 文档结构的整体布局和分节符的使用

页面设置是基础。页面设置不好会导致打印出的页面不美观,图像位置不能固定等问题。

分节符是指为表示节的结尾插入的标记。分节符包含节的格式设置元素,如页边距、页面的方向、页眉和页脚,以及页码的顺序等。分节符用一条横贯屏幕的虚双线表示。

2. 封面和正文排版

对封面和正文部分的内容进行排版。

3. 页眉和页脚的生成

页眉和页脚分别在文档中每个页面页边距的顶部和底部区域。可以在页眉和页脚中插入文本或图形,如页码、日期、公司徽标、文档标题、文件名、作者名以及文档的水印效果等。

在文档中可以设置整篇文档具有统一的页眉和页脚,也可以在文档的不同部分根据章节的内容而使用不同的页眉和页脚。

4. 插入图表题注和引用,提取和生成目录

为全书的图片、表格、公式等插入自动编号的题注,并在文档的引用位置插入交叉引用。下面以本科毕业论文《二手商品交易网站的设计与实现》为例进行介绍,排版后的封面效果如图 2-1 所示,提取的标题目录和图表目录如图 2-2 所示,正文效果如图 2-3 所示。

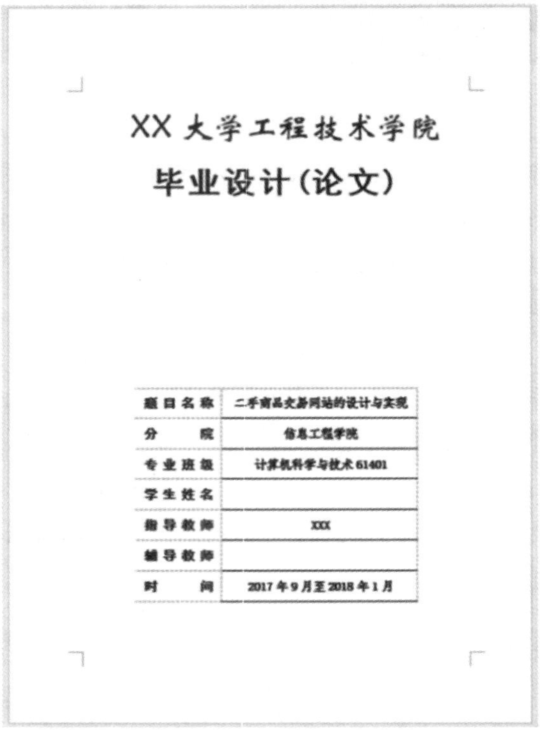

XX 大学工程技术学院

毕业设计（论文）

题 目 名 称	二手商品交易网站的设计与实现
分　　　院	信息工程学院
专 业 班 级	计算机科学与技术 61401
学 生 姓 名	
指 导 教 师	XXX
辅 导 教 师	
时　　　间	2017 年 9 月至 2018 年 1 月

图 2-1　封面效果

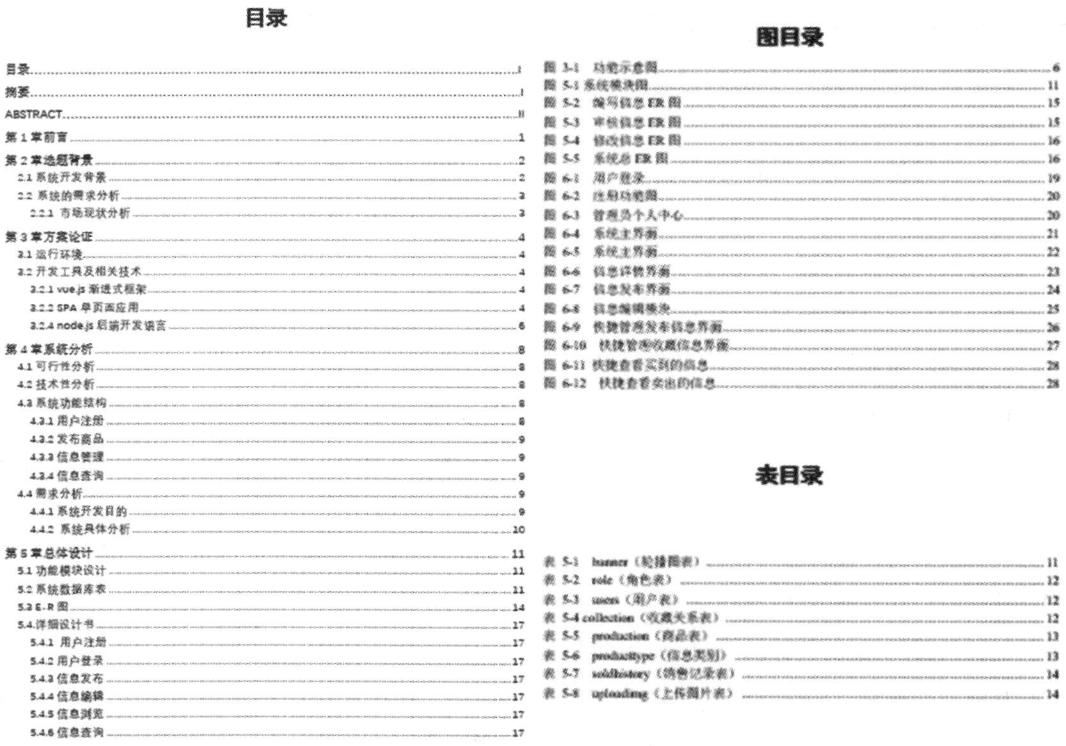

目录

图目录

表目录

图 2-2　标题目录和图、表目录

前言

二手商品交易网站的设计与实现

1 前言

随着电子商务的迅速发展，人们消费观念的转变以及社会中提倡节省节约风气的弘扬，越来越多的人更想把自己闲置的物品通过销售或者交换的方式获取自己所需物品，这种方式既经济又环保，另外，随着人们各方面的素养不断提高，这种方式被越来越多的人所接受。虽然二手商品交易网在全国各地都有存在，但是由于二手商品普遍存在受损率和折旧率的问题，人们购买二手商品的信任度要比购买新物品要低的多，所以很多用户在选择购买二手闲置商品的时候，一般选择通过线下当面交易的方式，也正是因为这样，只活跃于校园内的二手商品交易网站比全国性的要更加的安全放心。

在大学校园里，随着学生网络购物的普及，每年学生临近毕业，校内都会存留许多二手商品资源，当然日常生活中由于现在大学生网络购物周期快，所以滞留物品日益增多，这些商品的利用价值还很大，不过在有限的空间内信息流通不畅，传统校园公告栏和跳蚤街的地摊交易并不能将这些闲置的商品发挥其最大作用，而且传统的交易方式因为其传播慢，传播面积较窄同时交易成本也较高，并不能完全适用于学生群体，为了解决这些难题，所以基于 Web 的校园网二手商品交易系统应运而生。通过这个系统，可以发现每一个校园网用户都可以轻松注册登录，成为交易系统的一员。大家可以非常方便地发布宣传自己的信息，还可以通过我们的平台做出横向比较，选择最佳商品。

通过对我学校中不同年级不同专业大学生的网络购物的调查研究，我发现大学生大多数人还对二手网络交易平台不太了解，不过有许多人只是一般性的了解二手网络交易平台，或者还有的人压根不知道二手商品交易平台：97%的人愿意以 3~5 折买到满意的二手物品，小部分人愿意三折以下和五折到七折买到二手物品；66%的人想通过二手网络交易平台买到学习用品，46%的人想买电子产品，25%的人想买生活用品；大多数同学都是比较赞成开发应用于学生群体的二手商品交易平台的。所以，我们的大学生二手商品交易平台的建立是完全具有可行性。

第 1 页 共 32 页

二手商品交易网站

2 选题背景

2.1 系统开发背景

在大学校园里，伴随着学生网络购物的普及，每年学生临近毕业，校内都会存留许多二手商品资源，当然日常生活中由于现在大学生网络购物周期快，所以滞留物品日益增多，这些商品的利用价值还很大，不过在有限的空间内信息流通不畅，传统校园公告栏，请人代为宣传和地摊交易不能满足将这些资源发挥其最大作用，而且传统的交易方式传播慢，交易成本也较高，并不能完全满足二手商品畅通交流的要求，于是基于 Web 的校园网二手商品交易系统应运而生。通过这个系统，可以发现每一个校园用户都可以轻松注册登录，成为交易系统的一员。大家可以非常方便地发布宣传自己的信息，还可以通过我们的平台做出横向比较，选择最佳商品。与此同时，该二手商品信息交易平台因为使用 webapp 作为系统设计的方式所以与传统的电子商务类网站又有本质区别。

同时使用 webapp 的形式来构建整个系统是因为随着以手机为代表的移动端设备性能以及便携性的大大提升，用户在使用移动端设备浏览网页的频率远远高于使用传统 pc 来浏览网页的频率，同时也因为移动端设备性能较之以往得到了极大的提升，原本无法流畅的在移动端设备上使用的前端技术和特效都能够较为流畅的进行使用，特别是从 2014 年九月份万维网发布 html 第五个版本以后，前端自身的性能以及对于移动端的兼容度相较于以往得到了极大的提升，增加了更多适配于移动端的新特性，例如：viewport、rem、em 等，使得前端技术能够在移动端的舞台上大显风采，同时整体的流畅度以及交互中的体验都得到保障。

在功能点或者交互体验要求不是特别复杂的情况下，相较于传统安卓或者 ios 的 app 的开发，webapp 的优势则更加明显，webapp 不用拘束与平台或者系统的限制，在基本性能达标的移动端设备上都能够运行，在添加新的功能后可以不用促使用户更新客户端来体验新的功能，只需要打开原有的站点链接就可以使用，这样的体验对于用户来说更加的友好。

本课题的目的和意义就是为了综合上述的特点，为用户提供一个使用安全、操作简单方便的二手商品交易网站。通过本系统，用户可以商品查询、销售查询、商品购买、商品收藏等功能。

第 2 页 共 38

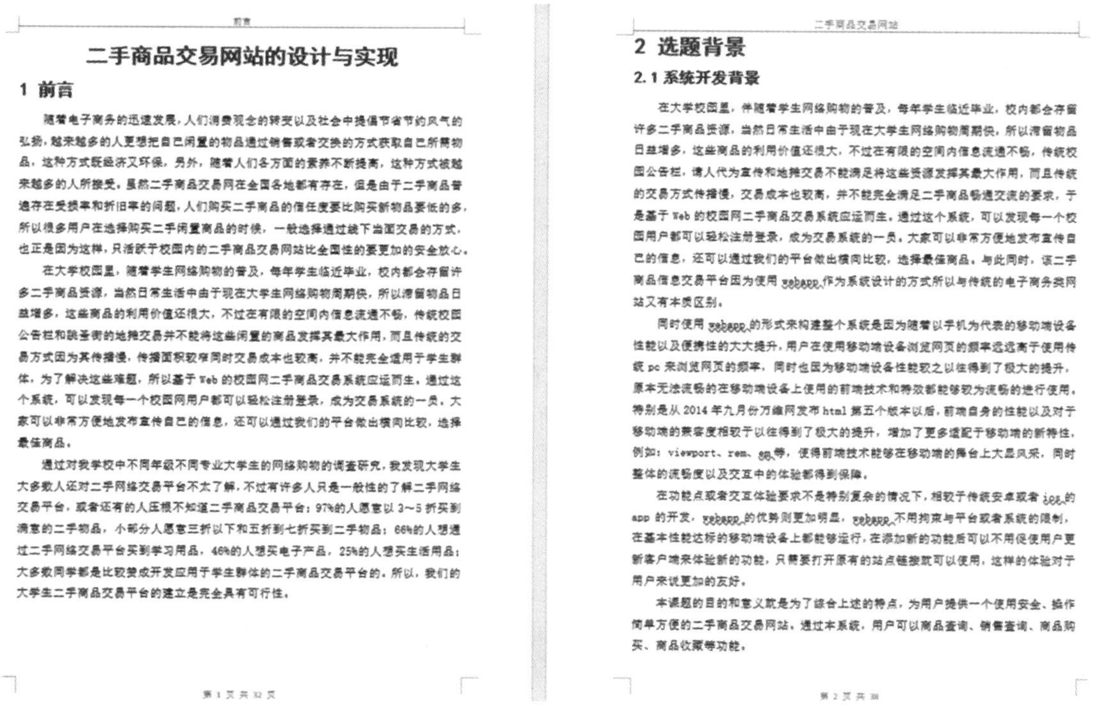

图 2-3 正文效果

2.2 任务实施

2.2.1 文档结构的整体布局和分节符的使用

1. 本科毕业论文的组成

毕业论文是指高等学校（或某些专业）为对本科学生集中进行科学研究训练而要求学生在毕业前撰写的论文。

一般认为本科毕业论文的内容应该包括以下几个组成部分。

(1) 封面及题目：封面单独占一页，封面上需填写学生的基本信息，以及论文题目。其中，题目应简洁、明确、有概括性，字数不宜超过 20 个字（不同院校的要求可能不同）。

(2) 摘要：应有高度的概括力，语言精练、明确，中文摘要约 100～200 字（不同院校可能要求不同）。

(3) 关键词：从论文标题或正文中挑选 3～5 个（不同院校可能要求不同）最能表达主要内容的词作为关键词。关键词之间需要用分号或逗号分开。

(4) 目录：写出目录，标明页码。正文各一级、二级标题（根据实际情况，也可以标注更低级别的标题）、参考文献、附录、致谢等。

(5) 正文：专科毕业论文正文字数一般应在 5000 字以上，本科毕业论文通常要求 8000 字以上，硕士论文可能要求在 3 万字以上（不同院校可能要求不同）。

(6) 致谢：简述自己做毕业论文的体会，并对指导教师和协助完成论文的有关人员表示谢意。

(7) 参考文献：在毕业论文末尾要列出在论文中参考过的所有专著、论文及其他资料，所列参考文献可以按文中参考或引证的先后顺序排列,也可以按照音序排列(正文中则采用相应的哈佛式参考文献标注而不出现序号)。

(8) 附录:对于一些不宜放在正文中,但有参考价值的内容,可编入附录中。有时也常将个人简介附于文后。

本例将《二手商品交易网站的设计与实现》文档的排版布局划分为封面、摘要、目录、正文、参考文献、致谢和附录等七个部分。

2. 用分节符分隔文档内容

文档排版布局划分好后,紧接着要进行的是分隔各部分的内容。在 Word 中分隔文档内容的方法是插入分节符。用分节符分隔文档内容,是 Word 排版的关键技术之一。

向文档中插入分节符,关键是要找准插入的位置(即插入点)。插入点既是前一部分内容的终点,又是后一部分内容的起点,所以常将插入点确定在前一部分内容的最后一个回车符处或后一部分内容的开始处。

本例中分节符的插入要求如图 2-4 所示。

1)插入分节符

操作步骤 素材文件夹中的文档《二手商品交易网站的设计与实现》没有封面和目录,所以操作的第一步是先为文档增加封面和目录空白页。

将光标定位在插入点(第 1 个插入点在摘要的行首),选择"布局"→"页面设置"→"分隔符"→"分节符"→"下一页"命令,完成一个分节符的插入,如图 2-5 所示,插入分节符的同时插入了空白页。再次进行同样的操作,设置封面和目录分页符。

图 2-4　分页符插入位置

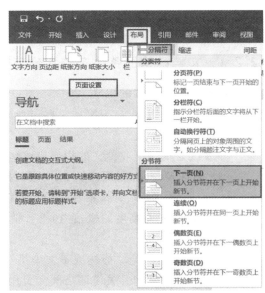

图 2-5　插入分页符

默认情况下,插入分节符后文档没有任何变化,选择"开始"→"段落"→"显示/隐藏编辑标记(Ctrl＋*)",分节符标记将显示在文档中,如图 2-6 所示。

参照以上操作,按照图 2-4 的要求完成文档分节符的插入要求。注意做到每章单独一节,即每一章的前面都要有分节符的存在。

图 2-6　显示分节符

2）页面设置

要求　　文档页面的设置要求如下:纸张为 A4;上边距为 3.5 cm,下边距为 3 cm,左边距为 3 cm,右边距为 2.5 cm,页眉距边界 2.8 cm,页脚距边界 2.2 cm。

操作步骤　　（1）将插入点光标定位到第一页中,选择"布局"→"页面设置"→"纸张大小"命令,选择"A4",如图 2-7 所示。

（2）选择"布局"→"页面设置"→"页边框"命令,单击最下方的"自定义边框(<u>A</u>)…",如图 2-8 所示。在弹出的"页面设置"对话框"页边距"选项卡中设置上、下、左和右边距分别为 3.5 厘米、3 厘米、3 厘米和 2.5 厘米,如图 2-9 所示。在"版式"选项卡中设置页眉距边界 2.8 厘米,页脚距边界 2.2 厘米。

图 2-7　设置纸张为 A4

图 2-8　选择"自定义边距(<u>A</u>)…"命令对话框

图 2-9　设置页边距

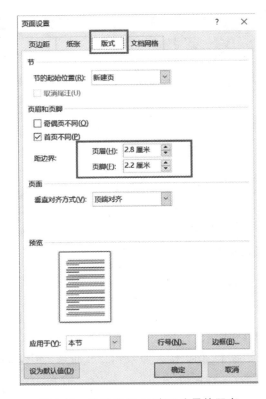

图 2-10　设置页眉、页脚距边界的距离

2.2.2　封面的设计和正文的排版

1. 复制、粘贴封面

各院校对毕业论文的封面都会有统一的格式要求,学生只需要将学校提供的标准的论文封面复制、粘贴到自己的论文中,然后再正确填写个人相关信息即可。本例中,封面格式如图 2-1 所示。

操作步骤　(1) 打开素材文件夹中的文件"封面.docx",先使用 Ctrl＋A 快捷键将封面内容全部选中,再使用 Ctrl＋C 快捷键复制封面内容。

(2) 打开毕业论文《二手商品交易网站的设计与实现》文件,将插入点光标定位到第 1 页第 1 个字符处,使用 Ctrl＋V 快捷键粘贴封面内容至文档中。

2. 正文的排版

要求:本例毕业论文有 3 级标题,根据正文的格式要求和生成目录的需要,设计各级标题的大纲级别和格式,见表 2-1。

注意:表 2-1 中 1 级标题为论文正文的章标题(如 1.前言),2 级标题为节标题(如 2.1 系统开发背景),3 级标题为小节标题(如 2.2.1 市场现状分析),目录、摘要、参考文献、致谢和附录虽然大纲级别属于 1 级标题,但因为不需要进行多级列表排序所以需要单独设置格式。

表 2-1　文档标题的大纲级别和格式

标题名或级别	大纲级别	字体				段落				多级编号样式
		字体	字号	颜色	粗细	对齐	缩进	段前后	行距	
目录	1 级	小二	黑体		加粗	居中		6 磅		无
摘要	1 级	小二	黑体		加粗	居中		6 磅		无
正文	正文	小四	宋体		常规	两端	首行 2 字			无
1 级标题	1 级	小二	黑体	黑色	加粗	居中		6 磅	固定值 20 磅	第 1 章
2 级标题	2 级	三号	黑体		加粗	居中		6 磅		1.1
3 级标题	3 级	小三	黑体		加粗	居中		6 磅		1.1.1
参考文献	1 级	小二	黑体		加粗	居中		6 磅		无
致谢	1 级	小二	黑体		加粗	居中		6 磅		无
附录	1 级	小二	黑体		加粗	居中		6 磅		无

具体操作步骤如下。

1）设置正文统一格式

将光标定位在文档中任意位置，使用 Ctrl＋A 快捷键选中全部文档，选择"开始"→"字体"→"字体"命令，在弹出的"字体"对话框中设置中文字体为"宋体"，设置西文字体为"Time New Roman"，设置字形为"常规"，设置字号为"小四"，如图 2-11 所示。

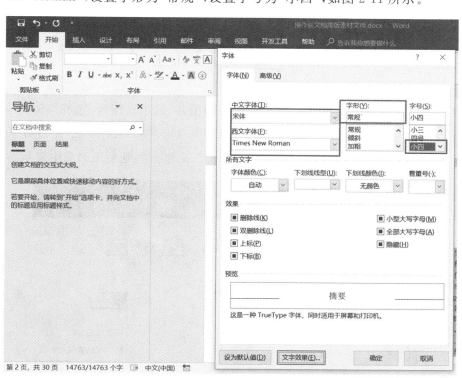

图 2-11　设置字体、字形和字号

选择"开始"→"段落"→"段落",在弹出的"段落"对话框中进行如下设置。设置内侧为"0 字符",设置外侧为"0 字符",设置首行缩进为"2 字符",设置段前为"0 行",设置段后为"0 行",设置行距为"固定值",设置行距值为"20 磅",如图 2-12 所示。

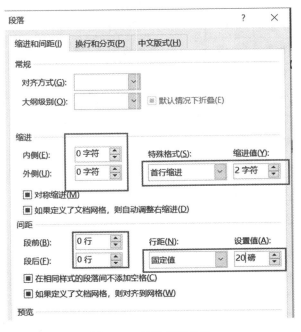

图 2-12　设置段落参数

注意:设置行间距为固定值 20 磅时会导致图片不能正常显示,可在后面的图的设计中再去更改。

2)设置图、表的正确格式

滚动鼠标滚轮,将光标定位到论文中的第一幅图片,选中该图片,选择"开始"→"段落"→"行和段落间距",在弹出的快捷菜单中选中"2.0",点击 ≣(居中)按钮,使图居中显示,如图 2-13 所示。选中图下方图名"图 1　功能示意图",点击 ≣ 按钮使图名居中显示。

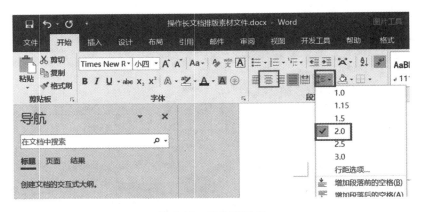

图 2-13　设置图格式

滚动鼠标滚轮,将鼠标定位到论文中的第一张表格,选中该表格,选择"开始"→"段落"

→"居中",使表居中显示。选中表上方表名"表 1   banner(轮播图表)",点击居中按钮使表名居中显示。

重复以上图和表的操作,将文中所有图和表正确设置为正确的格式。

以上操作一次性将正文内容设置了统一格式,对项目更少的图和表的操作则进行了较多的过程和方法相同的重复性工作,但因图和表数量相对较少,所以方法较合理。

3)设计标题样式

样式集字体格式、段落格式、编号和项目符号格式于一体。用样式编排长文档格式,可实现文档格式与样式同步自动更新,快速且高效。因此,样式是长文档高效排版必须使用但又较难掌握的非常重要和关键的技术。

根据表 2-1 所示的标题级别及格式规划,修改对应的内置标题样式。下面以修改"标题1"样式为例,介绍修改 Word 内置标题样式的操作。

操作步骤   (1)打开"修改样式"对话框。

① 打开方法 1:单击"开始"选项卡,右击"样式"选项栏中的"标题 1"样式,在弹出的快捷菜单中选择"修改(M)…"命令,如图 2-14 所示,打开"修改样式"对话框。

图 2-14   打开"修改样式"对话框方法 1

② 打开方法 2:选择"开始"→"样式",单击右下角的"样式"折叠按钮,在弹出的"样式"对话框中,单击"标题 1"右侧的下拉按钮,选择"修改(M)…"命令,打开"修改样式"对话框,如图 2-15 所示。

③ 打开方法 3:在打开的"样式"对话框中,点击下方的"管理样式"按钮,在"管管样式"对话框中点击"修改(M)…"按钮,打开"修改样式"对话框,如图 2-16 所示。

图 2-15   打开"修改样式"对话框方法 2   图 2-16   打开"修改样式"对话框方法 3

（2）"修改样式"对话框中参数设置。

在弹出的"修改样式"对话框中,进行如下设置。设置字体为"黑体",设置字号为"小二",点击"加粗"按钮。点击对话框左下角的"格式(O)"选项卡,在弹出的菜单中选择"段落(P)…"选项,在弹出的"段落"对话框中进行如下设置。设置对齐方式为"左对齐",设置大纲级别为"1 级",设置段前为"6 磅",设置段后为"6 磅",如图 2-17 所示。

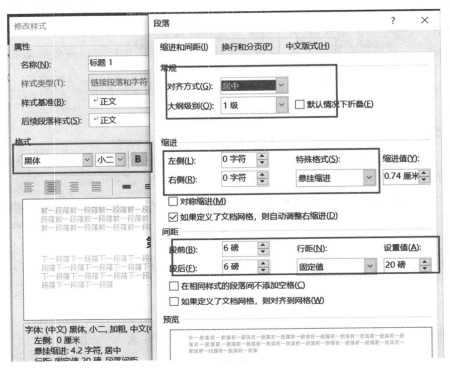

图 2-17 "修改样式"对话框中参数的设置

（3）给样式添加段落多级自动编号。

> **注意**:给样式添加段落多级自动编号,是长文档实现自动化排版的关键技术之一。这是一个难点,如果操作不当,编号容易错乱。

操作步骤 ① 应用标题 1 样式。

选择"样式"组中已修改的"标题 1"样式。

② 打开定义新编号格式对话框。

在弹出的"修改样式"对话框中点击对话框左下角"格式(O)"选项卡,在弹出的菜单中选择"编号(N)…"选项,在弹出的"编号和项目符号"对话框中,在"编号库"中选择"1.2.3."样式,点击左下角"定义新编号格式…"按钮,如图 2-18 所示。

③ 定义 1 级编号参数。

在"定义新编号格式"对话框中,"编号样式(N)"选择"1,2,3…";在"编号格式(O)"下的文本框中"1"的前后分别输入"第"和"章",使其内容由"1"变成"第 1 章"(注意:不要手动输入"1");"对齐方式(M)"设置为"左对齐",单击"确定"按钮,即完成 1 级编号的定义,如图 2-19 所示。

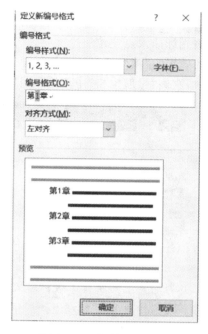

图 2-18　打开定义新编号格式对话框　　　　图 2-19　1 级编号的定义

4）应用样式标题

补充知识点：

导航窗格

　　另一个长文档编排的有效工具是导航窗格。在"视图"选项卡的"显示"选项栏中，选中"导航窗格"复选框，如图 2-20 所示，它便会在窗口左边显示。导航窗格可按照文档的标题（大纲）级别显示文档的层次结构，用户可根据标题（大纲）快速定位到文档。但当文档还没有设置标题（大纲）样式，或者文档无标题样式时，导航窗格显示的内容为空白（或者有一点不规范内容显示），发挥不了优势。

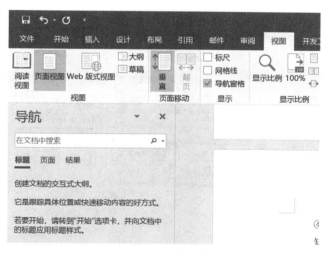

图 2-20　导航窗格

■ **操作步骤**　（1）应用样式。

将光标插入点定位于论文正文"1. 前言",选择"开始"→"样式"→"标题 1",标题样式应用后的效果为"第 1 章　1. 前言",手动删掉"1.",应用样式"标题 1"完成,如图 2-21 所示,与此同时,左侧"导航窗格"中新增项目"第 1 章 前言"。

图 2-21　应用样式"标题 1"

（2）为论文正文所有 1 级标题应用样式"标题 1",应用后的效果如图 2-22 所示。

5）设置"标题 2"、"标题 3"和"标题"

■ **操作步骤**　（1）参照"3）设计标题样式"的操作步骤设计 2 级标题对应的样式"标题 2"(见图 2-23)、3 级标题对应的样式"标题 3"(见图 2-24),以及将要出现在目录中的 1 级标题"标题"(见图 2-25)。

图 2-22　1 级标题全部应用
样式"标题 1"

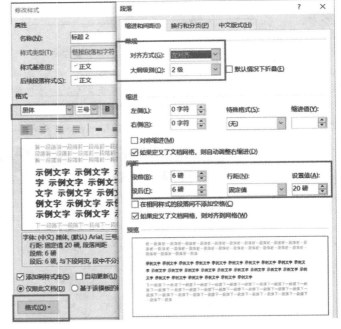

图 2-23　修改"标题 2"

（2）应用样式。

将光标插入点定位到文档第二页最前面,输入"目录"二字。

参照"4）应用样式标题"的步骤设置论文正文的 2 级标题、3 级标题和标题,"导航窗格"显示最终效果如图 2-26 所示。

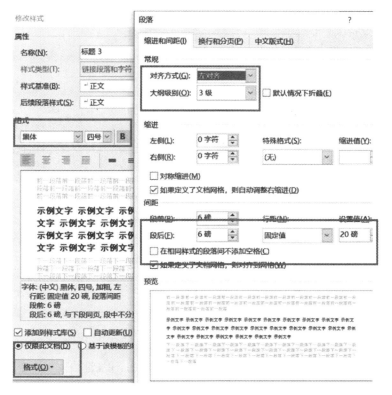

图 2-24　修改"标题 3"

图 2-25　修改"标题"

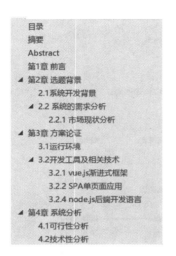

图 2-26　导航窗格最终效果图

2.2.3　页眉页脚的生成

设置页眉页脚的具体要求如下。

（1）封面　不对封面设置页眉和页脚。

（2）目录　不对目录设置页眉，设置页码格式为"Ⅰ，Ⅱ，Ⅲ，…"，从Ⅰ开始编号，五号字，居中。

（3）摘要　不为摘要设置页眉，设置页脚。对于页脚，设置单独的格式和编号，可设置页码格式为"Ⅰ，Ⅱ，Ⅲ，…"，从Ⅰ开始编号，五号字，居中。

（4）正文　设置奇数页页眉内容为章标题，偶数页页眉内容为论文题目"二手商品交易网站的设计与实现"。页码格式统一为"第1页，第2页，第3页，…"。正文从1开始编号，连续编号，五号字，居中。

操作步骤　（1）插入目录页脚。

将插入点光标定位到全文第2页，即第2节"目录"页中，在"插入"选项卡中"页眉和页脚"选项组中，单击"页脚"，如图2-27所示。

图 2-27　"插入"选项卡中的
"页眉和页脚"栏

如果文档原来有默认设置好的页码，可以先在弹出的如图2-28所示的下拉菜单中选择"删除页脚（R）"命令，删除文档中原有的页码。接着再次单击"页脚"命令，在弹出的如图2-28所示的下拉菜单中选择"编辑页脚（E）"命令。

此时Word工作窗口视图将切换成页眉和页脚视图，在选项卡区的最后将出现"页眉和页脚工具"的"设计"选项卡，插入点光标将出现在页面底端的"首页页脚-第2节"的页脚位置。

为便于设置奇偶页不同的页眉，在"页眉和页脚工具"的"设计"选项卡中，先找到"选项"栏，选中"奇偶页不同"的复选框，如图2-29所示。

将插入点光标定位到"首页页脚-第2节"，页面右下角处有文字"与上一节相同"，如图2-30所示，代表将会为"封面"和"目录"设置相同的页脚格式，这样并不符合要求。在"设计"选项卡的"导航"选项栏中，点击"链接到前一条页眉"按钮，如图2-29所示，删除"与上一节相同"字样，如图2-31所示。

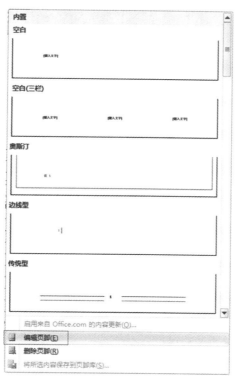

图 2-28 "页脚"命令下拉菜单

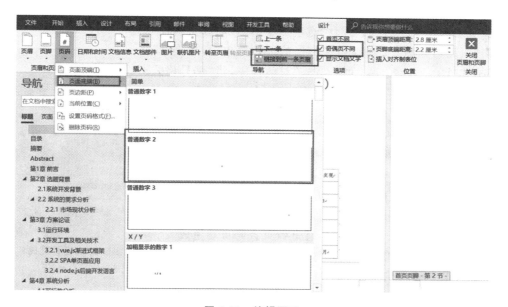

图 2-29 编辑页码

图 2-30 与上一节相同   图 2-31 与上一节不同

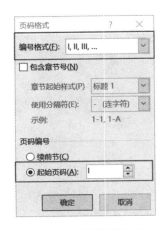

图 2-32　设置页码格式

在"页眉和页脚工具"的"设计"选项卡中的"页眉和页脚"栏中，单击"页码"命令按钮，如图 2-29 所示，在弹出的下拉菜单中，单击"设置页码格式(F)…"命令。此时将弹出如图2-32所示的对话框。

在"页码格式"对话框中，将"编号格式(F)"修改为"Ⅰ,Ⅱ,Ⅲ,…"的格式，选中单选按钮"起始页码(A)"，设置为"Ⅰ"，单击"确定"按钮。

再次在"页眉和页脚工具"的"设计"选项卡中的"页眉和页脚"栏中，点击"页码"按钮，如图 2-29 所示，在弹出的下拉菜单中，选择"页面底端(B)"命令，在下拉选项中选择"简单"样式中的"普通数字 2"。此时在目录页的页脚位置，即出现了居中显示的"Ⅰ"页码，将其字体修改为"宋体"，字号修改为"五号"。

（2）插入摘要页脚。

将插入点光标定位到"首页页脚-第 3 节"，先选中原来处于页面底端右侧的数字页码，按 Delete 键将原有的页码删除。

按照"(1)插入目录页脚"的步骤进行页脚的设置。

（3）插入正文页脚。

将插入点光标定位到"奇数页页脚-第 4 节"，先选中原来处于页面底端右侧的数字页码，按 Delete 键将原有的页码删除。

在"设计"选项卡的"导航"选项栏中，点击"链接到前一条页眉"按钮，删除"与上一节相同"字样。

在"页眉和页脚工具"的"设计"选项卡中的"页眉和页脚"栏中，单击"页码"，如图 2-29 所示，在弹出的下拉菜单中，单击"设置页码格式(F)…"命令。在"页码格式"对话框中，将"编号格式(F)"修改为"1,2,3,…"的格式，选中单选按钮"起始页码(A)"，设置为"1"，单击"确定"按钮，如图 2-33 所示。

再次在"页眉和页脚工具"的"设计"选项卡中的"页眉和页脚"栏中，单击"页码"，如图 2-29 所示，在弹出的下拉菜单中，单击"页面底端(B)"命令按钮，在下拉选项中选择"简单"样式中的"普通数字 2"。此时在目录页的页脚位置，即出现了居中显示的"1"页码，在其前、后分别输入"第"和"页"，将其字体修改为"宋体"，字号修改为"五号"，正文所有奇数页页码自动生成。

因为页面设置了"奇偶页不同"，将插入点光标定位到"偶数页页脚-第 4 节"，重复奇数页页脚的操作步骤，完成对页脚的插入。

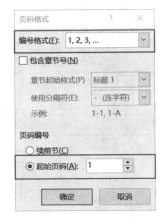

图 2-33　设置页码格式

（4）插入奇数页页眉。

因为封面、目录和摘要不需要设置页眉，所以只需要为正文设置页眉即可。

在"插入"选项卡的"页眉和页脚"栏中，单击"页眉"，在弹出的如图 2-34 所示所示的下拉菜单中，选择"编辑页眉(E)"命令，此时工作窗口视图将切换成页眉和页脚视图，在选项区最后将出现"页眉和页脚工具"的"设计"选项卡，插入点光标将出现在页面顶端的"奇数页页眉-第 4 节"的页眉位置，如图 2-35 所示。

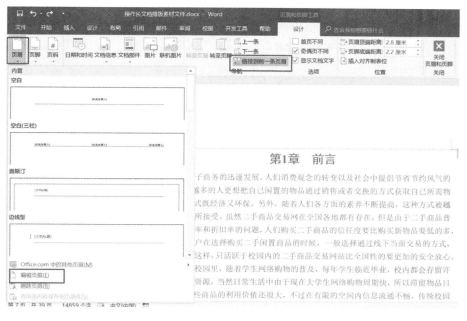

图 2-34 编辑页眉

图 2-35 光标插入点

插入点光标出现在页面顶端的"奇数页页眉-第 4 节"的页眉位置时,页面右下角处有文字"与上一节相同",如图 2-36 所示,代表将会为"封面"和"目录"设置相同的页眉格式。在"设计"选项卡的"导航"选项栏中,点击"链接到前一条页眉"按钮,如图 2-34 所示,删除"与上一节相同"字样,如图 2-37 所示。

图 2-36 页眉与上一节相同   图 2-37 页眉与上一节不同

在"页眉和页脚工具"的"设计"选项卡的"插入"栏中,单击"文档部件",如图 2-38 所示,在弹出的下拉菜单中单击选择"域(F)…"命令。

图 2-38 选择"域(F)…"命令

此时弹出如图 2-39 所示的"域"对话框,在"请选择域"选项组的"类别(C)"中,选择"链接和引用";在"域名(F)"的列表框中选择"StyleRef"域;在"域属性"选项组的"样式名(N)"中,选择"标题 1"样式;在"域选项"选项组中,选中"插入段落编号(G)"复选框,单击"确定"按钮后,可以看到在"奇数页页眉-第 4 节"处出现了"第 1 章"字样。

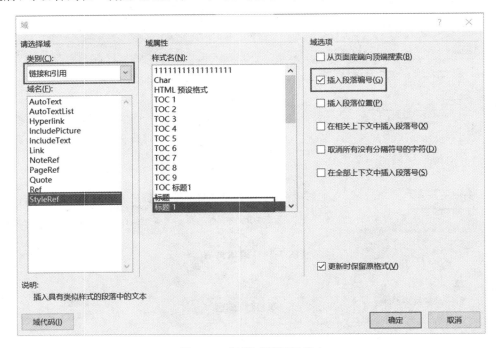

图 2-39 "域"对话框设置 1

再次在"页眉和页脚工具"的"设计"选项卡的"插入"栏中,单击"文档部件",在弹出的下拉菜单中单击选择"域(F)…"命令。在弹出的"域"对话框中,仍然在"请选择域"选项组的"类别(C)"中,选择"链接和引用";在"域名(F)"的列表框中选择"StyleRef"域;在"域属性"选项组的"样式名(N)"中,选择"标题 1"样式;但是在"域选项"选项组中,不需要选中"插入段落编号(G)"复选框了,直接单击"确定"按钮,如图 2-40 所示。可以看到看到在"奇数页页眉-第 4 节"处出现了"第 1 章前言"字样。最后,设置"第 1 章前言"字体为"宋体",设置字号为"五号",在"第 1 章"和"前言"中间插入一个空格。

单击"开始"选项卡"样式"选项栏右下角"样式"折叠按钮,在弹出的对话框中选择"页眉"项,设置页眉的正确格式,如图 2-41 所示。

滑动鼠标滚轮查看文档,正文所有奇数页页眉插入完成。

(5)偶数页页眉的设置。

在文档页面的页脚或页眉处双击鼠标,进入页眉页脚视图,将光标定位到"偶数页页眉-第 5 节",在"设计"选项卡的"导航"选项栏中,单击"链接到前一条页眉"按钮,删除"与上一节相同"字样,直接输入偶数页页眉"二手商品交易网站的设计与实现",如图 2-42 所示。修改字体为"宋体",修改字号为"五号",滑动鼠标滚轮检查设置完成的正文页眉。

在"页眉和页脚工具"的"设计"选项卡的"关闭"选项栏中,单击"关闭页眉和页脚",关闭页眉和页脚视图,回到 Word 文档的普通页面视图。

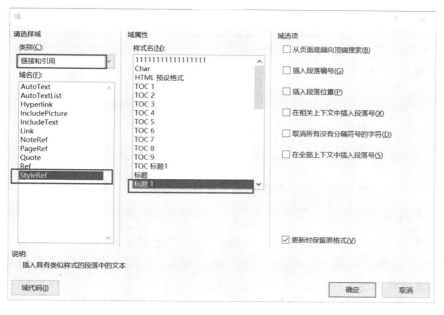

图 2-40 域代码对话框设置 2

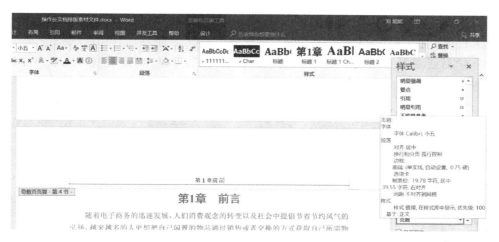

图 2-41 设置页眉格式

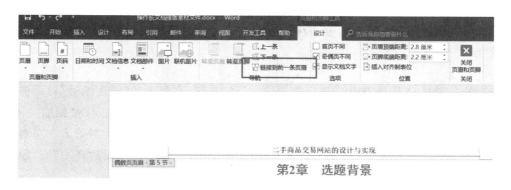

图 2-42 设置偶数页页眉

2.2.4　插入图表题注和引用，提取和生成目录

补充知识点：

题注

在 Word 文档中经常会使用图像、表格和图表等对象，而对于这些对象又常常需要对其进行编号。题注就是用来对文档中的表格、图表、公式或其他项目进行编号。用这种方法对项目进行编号，如果插入或移除了某个已经添加题注的项目时，Word 会自动将此项目之后的所有项目重新编号。

插入图表题注有自动插入题注和手动插入题注两种方法，下面主要介绍手动插入题注。

1. 插入图题注

例 2.2.1　对正文中的图添加题注"图"，位于图下方，居中。具体要求如下。

- 编号为"章序号"-"图在章中的序号"。例如，第 1 章中第 1 幅图，题注编号为 1-1。
- 图的说明使用图下一行的文字，格式同编号。
- 图居中。

操作步骤　（1）找到正文中第一张图，将插入点光标定位到图下方一行的文字最前方。在"引用"选项卡的"题注"选项栏中选择"插入题注"命令，如图 2-43 所示。

（2）在弹出的"题注"对话框中，单击"新建标签(N)…"按钮，如图 2-44 所示。在弹出的"新建标签"对话框中的"标签(L)"栏中输入新标签"图"，单击"确定"按钮，完成题注的标签"图"的新建，如图 2-45 所示。

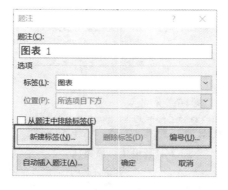

图 2-43　"引用"选项卡中　　　图 2-44　"题注"对话框　　　图 2-45　"新建标签"对话框
　　　的"题注"选项栏

（3）单击图 2-44 所示"题注"对话框中的"编号"按钮，在弹出的"题注编号"对话框中，选中"包含章节号(C)"复选框，单击"确定"按钮，如图 2-46 所示。单击"确定"按钮后，"图 3-1"的题注将插入到第一幅图下面一行的文字最前方，插入题注后图名默认在图下方左对齐，如图 2-47 所示，删掉"图 1"二字，将图名更正为"图 3-1　功能示意图"。选择"开始"→"段落"→"居中(E)"，完成图题注的插入。

图 2-46 "题注编号"对话框

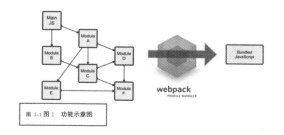

图 2-47 图插入题注

（4）找到文档中的第 2 幅图，将插入点光标定位到图下方说明文字的最前方，在"引用"选项卡中的"题注"选项栏中单击"插入题注"，此时弹出如图 2-48 所示的"题注"对话框中已经设置好题注标签和编号了，直接单击"确定"按钮即可。删掉"图 2"二字，将图名更正为"图5-1　系统功能模块图"。选择"开始"→"段落"→"居中（E）"完成图题注的插入。

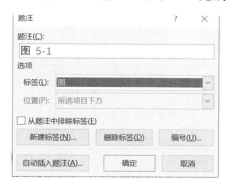

图 2-48 新建图题注

（5）采用与文档第 2 幅图相同的操作方式为文档剩下的 17 幅图插入题注。

2. 插入表题注

例 2.2.2　对正文中的表添加题注"表"，位于表上方，居中。具体要求如下。

● 编号为"章序号"-"表在章中的序号"。例如，第 1 章中第 1 张表，题注编号为 1-1。
● 表的说明使用表上一行的文字，格式同编号。
● 表居中，表内文字不要求居中。

操作步骤　（1）找到正文中第一张表，将插入点光标定位到表上方一行的文字最前方。在"引用"选项卡的"题注"选项栏中选择"插入题注"命令，如图 2-43 所示。此时弹出如图 2-44 所示的"题注"对话框，单击"新建标签（N）…"按钮，在弹出的"新建标签"对话框中的"标签（L）"栏中输入新标签"表"，单击"确定"按钮，完成题注的标签"表"的新建。

（2）再单击如图 2-44 所示"题注"对话框中的"编号（U）…"按钮，将弹出如图 2-46 所示的"题注编号"对话框，选中"包含章节号（C）"复选框，单击"确定"按钮，返回如图 2-44 所示的"题注"对话框。

（3）再次单击"确定"按钮后，"表 5-1"的题注将插入到第一张表上面一行的文字最前方，删掉"表 1"二字，将表名更正为"表 5-1 banner（轮播图表）"。选择"开始"→"段落"→"居中（E）"完成表题注的插入。

（4）找到文档中的第 2 张表，将插入点光标定位到表上方一行说明文字的最前方，在"引用"选项卡中的"题注"选项栏中单击"插入题注"，此时弹出的"题注"对话框中已经设置好题注标签和编号了，直接单击"确定"按钮即可。删掉"表 2"二字，将表名更正为"表 5-2 role（角色表）"。选择"开始"→"段落"→"居中（E）"，完成表题注的插入。

（5）采用与文档第 2 张表相同的操作方式为文档剩下的 6 张表插入题注。

3. 交叉引用题注

例 2.2.3 在 Word 2016 文档中，通过插入交叉引用可以动态引用当前 Word 文档中的书签、题注、编号、脚注等内容。

操作步骤 （1）找到文档中"图 3-1 功能示意图"上方出现"功能如图 1 所示"文字处，选中"图 1"两字，在"引用"选项卡中"题注"选项栏中，单击"交叉引用"，将弹出如图 2-49 所示的"交叉引用"对话框。

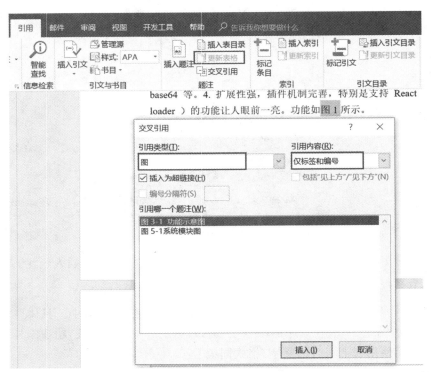

图 2-49 "交叉引用"对话框

（2）在"交叉引用"对话框中的"引用类型（T）"栏中选择"图"，在"引用内容（R）"栏中选择"仅标签和编号"，在"引用哪一个题注（W）"列表框中选择"图 3-1　功能示意图"，单击"插入（I）"按钮，再单击"关闭"按钮，"图 3-1"将覆盖改写原"图 1"两字。

（3）采用与（1）相同的操作步骤设置文档剩下的 18 幅未设置交叉引用的图。

（4）参照交叉引用图题注的方式为文档 8 张表设置交叉引用。

注意：重新插入不同内容的题注时，如果更改了编号样式或更改了题注名称等，要同时更改引用，否则会出现找不到引用源的错误。

4. 自动生成目录和图表目录

例 2.2.4　　　正确完成文档各级标题的标题样式、格式设置和图表的题注插入后,便可开始生成完整的标题目录,并可以分类提取齐全的图形、表格或公式等目录。

操作步骤　　　(1)将插入点光标定位到文档第 2 页"目录"两字最后,按 Enter 键换行,使插入点光标位于第二行的开头。在"引用"选项卡的"目录"选项组中单击"目录",在弹出的下拉菜单中选中"自定义目录(C)..."命令,如图 2-50 所示。

(2)在弹出的"目录"对话框中,确定选中"显示页码(S)"和"页码右对齐(R)"复选框,设置"格式(T)"为"来自模板",设置"显示级别(L)"为"3",如图 2-51 所示。

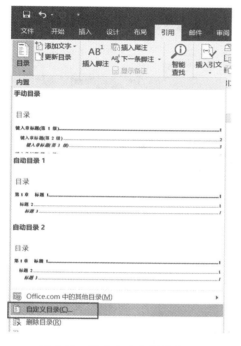

图 2-50　选中自定义目录选项

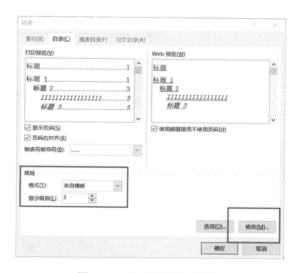

图 2-51　设置"目录"对话框

(3)在"目录"对话框中单击"修改(M)..."按钮,打开"样式"对话框,如图 2-52 所示。在"样式(S)"中选择"TOC1"或其他样式,再单击"修改(M)..."按钮,打开"修改样式"对话框,如图 2-53 所示,用户可直接修改字体和字号。选择"格式(O)"→"段落(P)..."命令,在弹出的对话框中修改"段前"、"段后"均为"6 磅"(使目录分隔),单击"确定"按钮。返回"修改样式"对话框,单击"确定"按钮确认修改,返回"样式"对话框,如图 2-52 所示。再对其他需要修改的目录样式进行修改,完成修改后返回"目录"对话框。

注意:只有当如图 2-51 所示的格式选择"来自模板"时右侧的"修改(M)..."按钮才为可用,其他格式下修改为不可用。

(4)在"目录"对话框中单击"确定"按钮,便会立即自动生成如图 2-54 所示的 3 级标题目录。

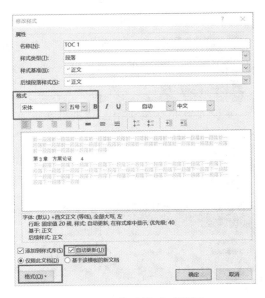

图 2-52　样式对话框　　　　　　　　图 2-53　修改样式对话框

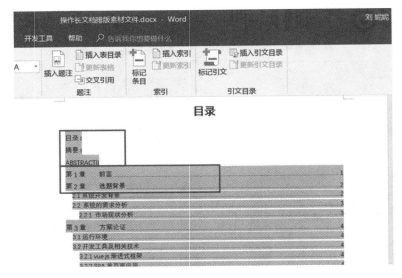

图 2-54　目录 1

　　存在的问题：① 目录和摘要等样式设置为"标题"的部分无"制表符前导符"；② 1 级标题标题与标题名中存在空格，如图 2-54 所示。

　　解决方法：① 将插入点光标定位到"目录"二字后，在英文输入法状态下，重复多次按下键盘上键，重复多次此操作；② 将插入点光标定位到"第 1 章"三字后，按 Delete 键，将空格手动删除，重复多次操作。

　　目录最终完成的效果如图 2-2 所示。

（5）生成图目录。

将光标插入点定位于目录最后一行，多次按 Enter 键，将光标插入点移至下一页行首，输入文字"图目录"，选择"开始"→"样式"→"标题"命令。按 Enter 键换行，选择"引用"→"题注"→"插入表目录"，如图 2-55 所示。在弹出的"图表目录"对话框中，设置"格式（T）"为"来自模板"，设置"题注标签（L）"为"图"，选中"包括标签和编号（N）"复选框，单击"确定"按钮，如图 2-56 所示，生成图目录。

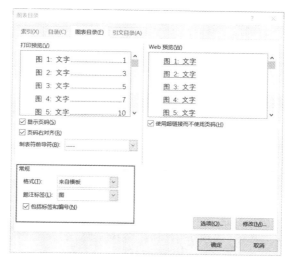

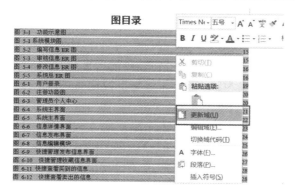 左侧

图 2-55　插入图表目录

图 2-56　设置"图表目录"对话框

（6）生成表目录。

将光标插入点定位于"图目录"最后一行，按两次 Enter 键，使得表目录与图目录相隔两行，输入文字"表目录"，选择"开始"→"样式"→"标题"样式。按 Enter 键换行，选择"引用"→"题注"→"插入表目录"，如图 2-55 所示。在弹出的"图表目录"对话框中，设置"格式（T）"为"来自模板"，设置"题注标签（L）"为"表"，选中"包括标签和编号（N）"复选框，单击"确定"按钮，生成表目录。

（7）目录的更新。

若在生成目录后对文档进行了修改，则需要对目录进行更新。右击目录，在弹出的快捷菜单中选择"更新域（U），"如图 2-57 所示，在弹出的"更新图表目录"对话框中选中单选项"更新整个目录（E）"，最后单击"确定"按钮，如图 2-58 所示。

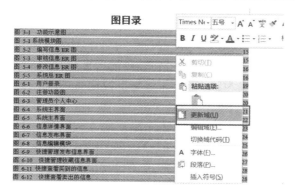

图 2-57　更新域

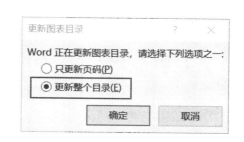

图 2-58　更新图表目录

本章小结

本章通过对本科毕业论文《二手市场交易网站的设计与实现》的排版,学习了本科论文的结构构成,重点学习了对长文档高效排版的方法,包括文档的布局和分割、样式的应用、页眉页脚的生成、多级自动编号、导航窗格、图表题注的插入和交叉引用以及目录的自动生成等 Word 高级使用技巧和操作步骤。

习　题　2

1. 张老师需要对一篇 Word 格式的科普文章进行排版,请按照下列要求,帮助她完成相关工作。

(1)打开素材文件"Word 素材.docx"在"布局"选项卡的"页面设置"选项栏中,修改文档的纸张大小为 B5,纸张方向为横向,上、下页边距为 2.5 厘米,左、右页边距为 2.3 厘米,页眉和页脚距离边界皆为 1.6 厘米。

(2)在文章起始位置,插入字母表型封面,将文档开头的标题文本"西方绘画对运动的描述和它的科学基础"移至封面页标题占位符中,设置其字体为黑体,字号为二号,将下方的作者姓名"林凤生"移至作者占位符中,设置其字体为黑体,字号为四号。并删除多余的占位符。

(3)在"开始"选项卡中,利用替换工具,删除文档中所有的全角空格。

(4)在文档的第 2 页起始位置,插入飞跃型提要栏的内置文本框,并将下方的红色文本"一幅画最优美的地方和最大的生命力就在于它能够表现运动,画家们将运动称为绘画的灵魂。——拉玛左(16 世纪画家)"移动到文本框中。

(5)将文档中八个字体颜色为蓝色的段落,设置为"标题 1"样式,3 个字体颜色为绿色的段落,设置为"标题 2"样式,并按照下表要求,修改"标题 1"和"标题 2"样式的格式如表 2-2 所示:

表 2-2　样式要求

标题 1 样式	字体格式:方正姚体,小三号,加粗,字体颜色为"白色,背景 1"; 段落格式:段前段后间距为 0.5 行,左对齐,并与下段同页; 底纹:应用于标题所在段落,颜色为"紫色,强调文字颜色 4,深色 25%"
标题 2 样式	字体格式:方正姚体,四号,字体颜色为"紫色,强调文字颜色 4,深色 25%"; 段落格式:段前段后间距为 0.5 行,左对齐,并与下段同页; 边框:对标题所在段落应用下框线,宽度为 0.5 磅,颜色为"紫色,强调文字颜色深色 25%",且距正文的间距为 3 磅

(6)在"开始"选项的"样式"选项栏中,修改正文样式的段落格式,设置段前段后间距均为 0.5 行。新建"图片"样式,修改该样式的段落格式为:居中对齐和与下段同页,并将该样式应用于文档正文中的 10 张图片。

(7)在"引用"选项卡的"题注"选项栏中,以插入题注、新建题注标签的方式,将原纯文本的标签和编号"图 1"~"图 10",替换为可以自动编号和更新的题注。在"开始"选项卡中,设置所有题注内容字号为小四,中文字体为黑体,西文(英文)字体为 Arial,设置居中对齐,段前段后间距均为 0.5 行。

在"引用"选项卡的"题注"选项栏中,将正文中使用黄色突出显示的文本:图 1~图 10,

替换为可以自动更新的交叉引用,引用类型为图片下方的题注,只引用标签和编号。

（8）在"引用"选项卡的"引文与书目"选项栏中,通过"管理源"的方式,将素材文件夹下的文件"参考文献.xml"内容,复制到本文中,设置样式为"APA 第六版",随后将书目内容,插入到文章中标题为"参考文献"的文字下方。

（9）在引用选项卡下,索引功能组中,在文章中标题为"人名索引"的文字下方,插入索引内容,设置自动标记来源为素材文件夹下的文件"人名.docx",设置格式为流行,栏数为 2,排序依据为拼音。在"布局"选项卡中,在标题"人名索引"前插入分页符,使"参考文献"和"人名索引"均位于独立的页面中（如果文档最后存在空白页,将其删除）。

（10）除首页外,在其余页页脚中插入页码,页码格式为"Ⅰ、Ⅱ、Ⅲ…",起始值为"Ⅰ",正文页码从第 2 页开始。

（11）在"文件"选项的文件信息中,为本文档设置自定义的高级属性,名称为"类别",类型为"文本",取值为"科普"。

第3章　编制"应聘登记表"表格

"应聘登记表"是绝大部分公司在招聘过程中都会使用的表格。这份表格可全面记录应聘者信息，用于备案存档。本章主要介绍如何快速编辑一个内容丰富、尺寸控制精确、创建了窗体并设置了窗体保护的"应聘登记表"表格。

3.1　任务描述

本任务将编辑一个设置了窗体保护的"应聘登记表"，该任务分解为以下三个子任务。

1. 编制"应聘登记表"表格

编制如图 3-1 所示的"应聘登记表"表格。

2. 创建"应聘登记表"表格窗体

利用 Word 2016 的"控件"功能，为用户填写的表格创建窗体。

3. 设置窗体保护

为创建了窗体的表格设置强制保护，最终效果如图 3-2 所示。

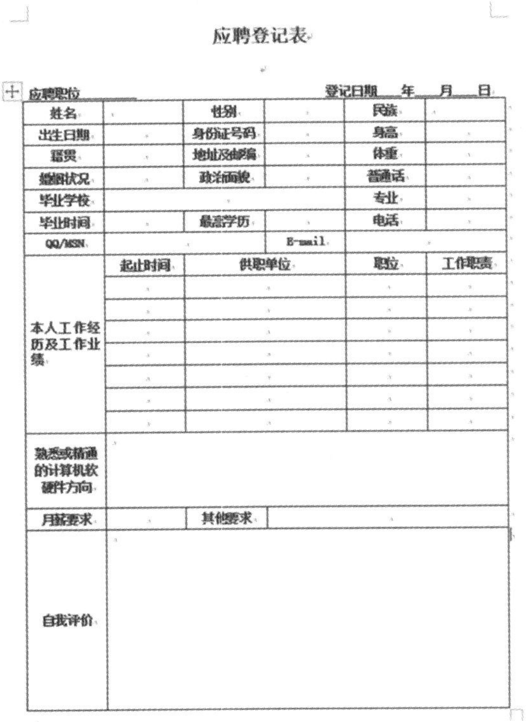

图 3-1　"应聘登记表"表格

图 3-2　为"应聘登记表"表格设置窗体保护后的效果图

3.2　任务实施

3.2.1　编制"应聘登记表"表格

表格是由行和列组成的二维平面对象，无论是规划设计新表格，还是依据已有的表格样本重新编制表格文档,都首先应弄清楚表格由多少行和多少列组成。对于复杂的表格,出现合并或拆分单元格的情况较多,有的还需要手工画线,因此很难确定它的行数和列数,尤其是列数。为了提高编制表格的效率和精确度,下面介绍一个制表必须遵循的原则和高效操作技巧(简称"一个原则五个技巧")。

(1)以最少或较少的工作量为原则。

(2)确定首要基准定位线。

(3)确定主要基准线之间的最佳列数和行数。

(4)先基准后其他。

(5)先长后短。

(6)先大后小。

下面对"一个原则5个技巧"进行说明。

(1)首要基准定位线。

表格外框线(有的表格样式取消了左右外框线)是表格内所有网格线的首要基准定位线。无论是通过命令插入表格还是手动绘制表格,都必须首先确定和绘制外框线。

(2)主要基准定位线。

主要基准定位线是表格内能确定较多网格线的起止位置的线,如图3-3中标注的线。

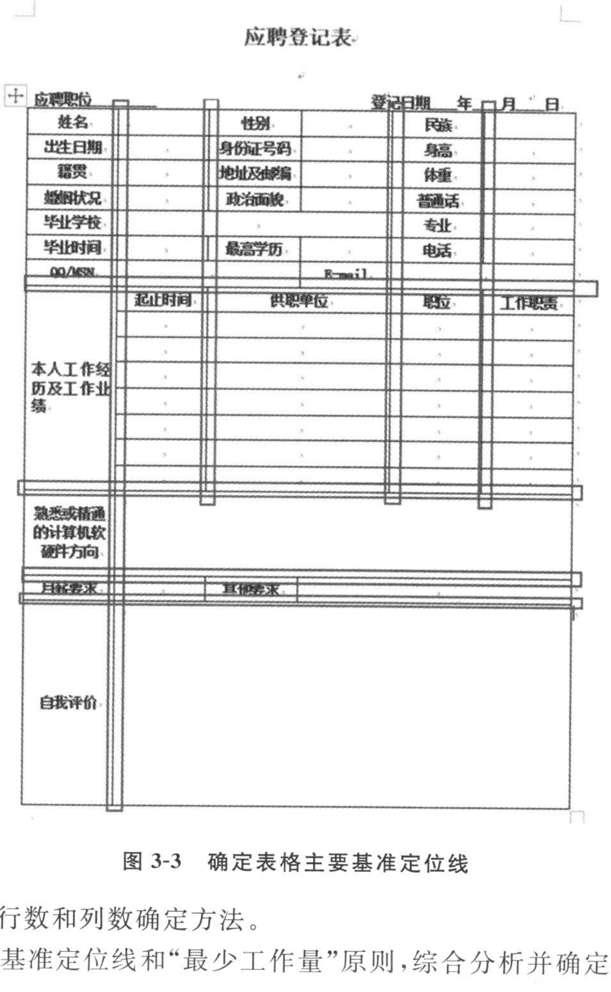

图3-3 确定表格主要基准定位线

(3)表格的最佳行数和列数确定方法。

根据表内的主要基准定位线和"最少工作量"原则,综合分析并确定各基准线之间的最佳列数和行数,得到表格的最佳行列数。行列数多了或少了,都会增加合并或拆分单元格、画线调整或移动表格线等工作量。

编制"应聘登记表"表格时应对照样文进行操作,分析表内的主要基准定位线,如图 3-3 所示。较难确定的是第二条和第三条基准定位列线间的列数,可为 1～2 列,设置为 2 列的工作量较少,这里选择 2 列。

编制"应聘登记表"表格的具体操作步骤如下。

1. 页面设置

页面设置要求为:上、下、左、右页边距分别为 3 厘米、3 厘米、2 厘米、2 厘米;装订线位置为上;纸张方向为纵向;纸张大小为 A4 纸。

2. 设置表格标题

在插入表格之前,首先对表格标题进行设置,在文档的第一行输入表格标题"应聘登记表",设置为宋体、二号、加粗、水平居中。

在文档第三行居左位置输入"应聘职位＿＿＿＿＿＿",居右位置输入"登记日期＿＿＿＿年＿＿＿＿月＿＿＿＿日"

3. 插入表格

在文档的第 4 行插入一个 18 行 6 列的表格。

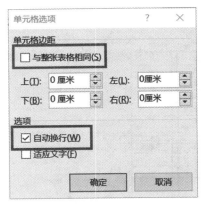

图 3-4　单元格选项设置

4. 设置表格参数

设置表格居中,调整表格在版心内;设置表格的外边框线 1.5 磅双分隔线 0.75 磅;设置表格内容的字号为小四;设置行高为 0.75 厘米;单元格选项设置如图 3-4 所示。

5. 精确调整基准定位列线

用上和下两个窗口分别打开表格样本和创建的表格文档,以相同比例显示,对照样本,以左外框线为起点基准线,在按 Alt 键的同时拖动列线或拖动列线对应的水平标尺上的"移动表格列"标志进行微调。此时,注意观察水平标尺显示的精确尺寸,精确定位各基准列线。

6. 单元格的合并或拆分及注意事项

合并或拆分单元格是快速、精确制作复杂表格时的关键环节,拆分单元格较难掌握,容易出错。

1)单元格的合并或拆分

灵活、综合应用前面介绍的"先基准后其他,先长后短,先大后小"的原则。

(1)先输入基准定位单元格的内容。例如,第 1 列、第 3 列、第 3 条和第 4 条列线间的内容,这样便于观察定位,有利于提高合并或拆分单元格的效率。

(2)合并单元格,如"毕业学校"、"熟悉或精通的计算机软硬件方向"、"其他要求"和"自我评价"等单元格右侧的单元,以及"供职单位"下方的七个单元格。

(3)再合并或拆分其他单元格。其余的单元格,有的要进行多次的合并与拆分,有的列线需要手动绘制。

2）单元格的合并或拆分注意事项

（1）"行"是表格的基准单位。表格横（水平）线以行为单位,表格列（竖）线以字符为单位。

（2）默认情况下,表格的行高和列宽不能小于"最小值"。小于或等于"最小值"时,表线不能移动（除非改为"固定值"或指定值）。

（3）在一个表格内合并或拆分单元格,表格横线是不会错位的,刻线可错位。

（4）拆分后的列宽重新平均分配。

（5）当拆分列数的最小总宽度大于拆分前单元格区域列的总宽度时,会往右挤占原单元格最右边的列线和表格。

（6）拆分后的列线有时可能会与原来某一列的列线段在同一列位置,当移动这样的列线段时,在同一列位置的所有列线段都会跟随移动。解决这个问题的有效方法有:① 适当增加拆分的列数,使拆分的列线错位,拆分后再合并;② 手动绘制列线。

3）手动动画线特性

（1）手动画表格横线只能生成以行为单位的横线,如果在一行内画横线段,则会自动插入单元格,使在该行的其他单元格增加高度。

（2）手动画表格竖线的最小间距是一个字符,如果在一个单位列宽内画竖线,则会自动插入单元格,使画线右边的单元格右移产生错位,并挤占表格。

还有其他一些重要特性,这里不再介绍,读者可以自己总结。

7. 完成所有内容的输入和对齐

样本中的内容大部分都是居中对齐,全部单元格垂直居中,有一部分是两端对齐,个别是右对齐。特别要注意的是,第1列第8行和第1列第9行文字的对齐是通过垂直居中、单元格自动换行得到的。

3.2.2 创建"客户资料卡"表格窗体

利用 Word 2016 的"控件"功能,为表格创建窗体,并设置窗体保护,其主要目的是提高用户填表的效率和准确率,防止用户修改表格本身的内容。

要使用"控件"功能,需要调用开发工具。

1. 设置显示"开发工具"选项卡

选择"文件"→"选项"命令,打开"Word 选项"对话框。选择"自定义功能区",在"主选项卡"列表框中选中"开发工具"复选框,如图 3-5 所示,单击"确定"按钮。

"开发工具"选项卡如图 3-6 所示。

2. 插入控件

（1）在单行的文本数据单元格中插入"格式文本"控件。

将光标定位在待插入控件的单元格中,选择"开发工具"→"控件"→"格式文本"命令,即可在单元格中插入该控件。"控件"选项栏如图 3-7 所示,显示的控件占位符状态如图 3-8 所示,控件占位符设计模式如图 3-9 所示。

文本数据包括中西文字、数字号码、金额数字等。

相同内容较多时,最好先修改控件占位符属性,再复制控件到其他单元格。

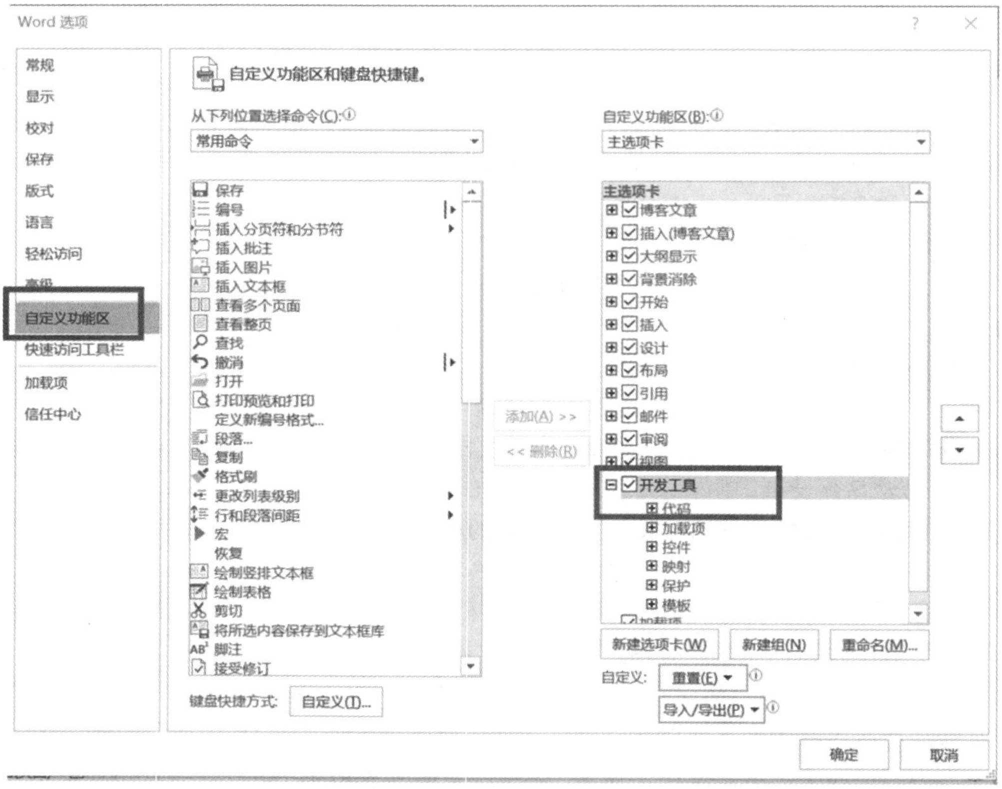

图 3-5　设置显示"开发工具"选项卡

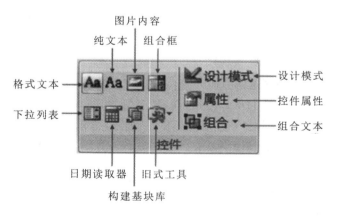

图 3-6　"开发工具"选项卡

图 3-7　"控件"选项栏

（2）在填写内容较多的单元格中插入"旧式工具"中的"文本框"控件。

需要插入该控件的有"熟悉或精通的计算机软硬件方向"和"自我评价"单元格。将光标定位在"熟悉或精通的计算机软硬件方向"单元格中，选择"开发工具"→"控件"→"旧式工具"→"Activex 控件"→"文本框"，即可在单元格中插入一个"文本框"控件，调整它的高和宽至单元格边缘，旧式窗体和 Activex 控件如图 3-10 所示。

图 3-8　"文本"控件占位符显示状态

图 3-9　"文本"控件占位符设计模式

图 3-10　旧式窗体和
ActiveX 控件

（3）在文本名称类别明确的数据单元格中插入"下拉列表"控件。

此类单元格有"最高学历""普通话""政治面貌""婚姻状况"和"性别"。"下拉列表"控件占位符显示状态如图 3-11 所示。

图 3-11　"下拉列表"控件占位符最终显示状态

（4）在日期型数据单元格中插入"日期选取器"控件。

插入控件的操作同上，插入的"日期选取器"控件及下拉框如图 3-12 所示。

为要输入内容的单元格插入控件后，就完成了创建窗体的第一步，有的还不能正确使用，因此需要设置控件的属性。而且如果控件占位符太大，会使较小的单元格变形，必须进行修改。

3. 设置控件属性

1）"格式文本"控件的属性设置

选择"开发工具"→"控件"→"格式文本"，单击"属性"按钮，打开"内容控件属性"对话框。设置"标题（T）"和"标记（A）"选项（可选），选中"无法删除内容控件（D）"复选框（建议所有控件都设置此项，以保证在输入窗体内容时不会把内容控件误删除），单击"确定"按钮，如图 3-13 所示，保存设置并关闭对话框。

在"常规"选项组中，"标题（T）"和"标记（A）"内容的设置与显示如下。

● 输入"标题（T）"内容为"请输入姓名"、"请选择出生日期"等，常规情况下和设计模式情况下都只在单击控件时才在控件占位符左上方显示。

● 输入"标记（A）"内容为"请输入姓名"、"请选择出生日期"等，常规情况下不显示，启动"设计模式"时，所有控件的标记都会显示。

● 如果两个内容都输入了，则会在"设计模式"下分别显示；如果只输入了"标题（T）"内容，"标题"和"标记"都显示"标题"中的内容；如果只输入了"标记（A）"内容，在"设计模式"

下,只显示"标记"内容。"标题"和"标记"在"设计模式"下的显示状态如图 3-14 所示。

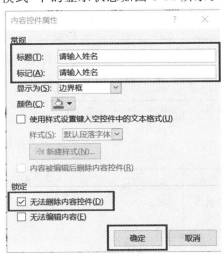

图 3-12 "日期选取器"控件占位符及下拉框   图 3-13 "格式文本"控件属性设置

2)"下拉列表"控件的属性设置

每个下拉列表的内容都不同,要逐个进行设置。下拉列表中的项目一般都是标准化、规范化的内容名称,实际应用的下拉列表应按实际的项目设置。

下拉列表项目的设置操作:打开"内容控件属性"对话框,单击"添加（A）…"按钮,打开"添加选项"界面,在"显示名称"列表框中选择"一级甲等"后,单击"确定"按钮。重复添加项目,添加完所有项目后调整项目的顺序,单击"确定"按钮,属性设置如图 3-15 所示。各下拉列表的设置具体如下。

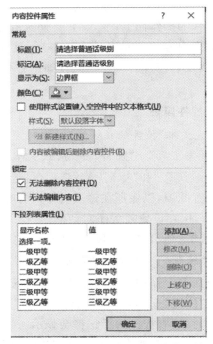

图 3-14 "标题"和"标记"显示状态   图 3-15 "普通话"的"下拉列表"控件属性设置

- "性别"的下拉列表项目为：男、女。
- "婚姻状况"的下拉列表项目为：未婚、已婚、离异。
- "政治面貌"的下拉列表项目为：群众、团员、党员、其他。
- "普通话"的下拉列表项目为：一级甲等、一级乙等、二级甲等、二级乙等、三级甲等、三级乙等。
- "最高学历"的下拉列表项目为：研究生、本科、专科。

3）日期选取器

在"日期选取器"的"内容控件属性"对话框中，"标题（T）"和"标记（A）"可设置，也可不设置，主要是要选中"无法删除内容控件（D）"复选框并选择一种日期显示方式，这里选择"yyyy/M/d"，其他采用默认值，"日期选取器"控件的默认属性和设置的属性如图 3-16 所示。

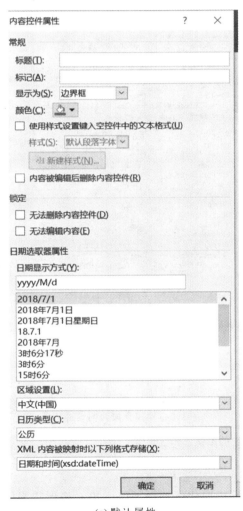
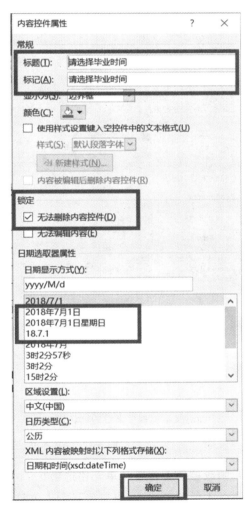

（a）默认属性　　　　　　　（b）设置的属性

图 3-16　"日期选取器"控件的默认属性和设置的属性

4）"文本框"控件的属性设置

"文本框"控件的属性设置操作为：单击插入的"文本框"控件（光标定位在"文本框"控件

中),选择"开发工具"→"控件"→"设计模式"命令,启动"设计模式"。单击"属性"按钮,打开"属性"对话框,在最上面的下拉列表框中选择 Textbox1 Textbox 选项。在"按分类序"选项卡中单击"行为"中的属性名称 Multiline(多行),然后单击右侧下拉按钮,选择值为 True;单击"滚动"中的属性名称 Scrollbars(滚动条)右侧下拉按钮,选择值为2-frmScrollBarsVertical(垂直滚动条);单击"杂项"中的 Height(高度)和 Width(宽度),并输入文本框高度和宽度值。其他属性保持默认值。"文本框"控件属性初值及设置值,如图3-17所示。

设置"文本框"控件的属性后需要启用宏,保存文档时要保存为启用宏的文档(. docm)。

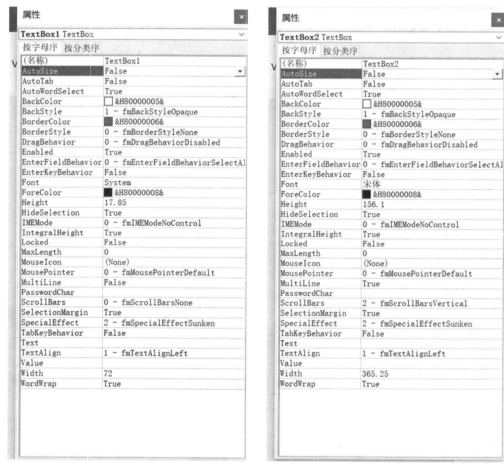

(a) 文本框控件属性的默认值　　　　　　(b) 文本框控件属性的设置值

图 3-17　"文本框"控件属性的默认值和设置值

4. 修改控件占位符和单元格选项

控件占位符的修改,以正确显示占位符的全部或简化信息而不改变单元格形状为原则。因此,对于控件占位符大于单元格的情形必须进行修改。修改控件占位符的显示格式,应与单元格输入内容格式的设置结合进行。

1)修改控件占位符

单击控件占位符,选择"开发工具"→"控件"→"设计模式"命令,则所有控件在"设计模式"下。对有关占位符文字进行编辑,具体包括:删除和精简文字、更改字号为小五或 9 磅。

完成修改后,再选择"开发工具"→"控件"→"设计模式"命令退出。

2)修改单元格选项

对于修改后的控件占位符,如果仍然大于单元格而使单元格形状发生改变,就需要修改单元格选项。设置内边距在 0~0.1 cm 之间,选中"适应文字(F)"复选框,如图 3-18 所示。这样可以使控件占位符的信息自动在单元格的一行中显示,输入单元格内容后也会自动缩放。

控件占位符和单元格选项设置完成后,在设计模式下全部控件占位符的显示状态如图 3-19 所示。

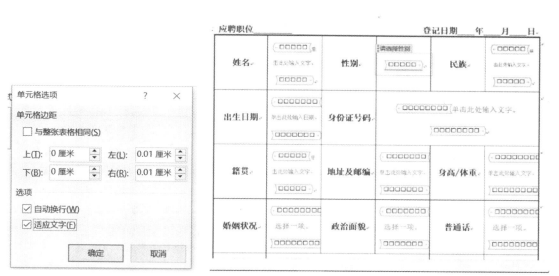

图 3-18　单元格选项设置　　　　图 3-19　设计模式下的控件占位符显示状态

3.2.3　设置窗体保护

窗体保护分为部分保护和整体保护,下面介绍设置整体保护的具体步骤。

1. 打开"应聘人员登记表"

打开前述已设计完的"应聘人员登记表"。

2. 打开"限制格式和编辑"对话框

选择"文件"→"信息"→"保护文档"→"限制编辑"命令,如图 3-20 所示,打开如图 3-21 所示的"限制编辑"对话框。

3. 对"限制编辑"对话框进行设计

在"限制编辑"对话框的"2.编辑限制"选项组中,选中"仅允许在文档中进行此类型的编辑"复选框,打开下拉列表框,选择"填写窗体"选项,如图 3-21 所示。

4. 启动强制保护并设置密码

在"限制编辑"对话框的"3.启动强制保护"选项组中单击"是,启动强制保护"按钮,如图 3-21 所示,打开"启动强制保护"对话框,先后输入"新密码(可选)(E)"和"确认新密码(P)",单击"确定"按钮,如图 3-22 所示。至此,对文档的限制编辑就设置完成了。

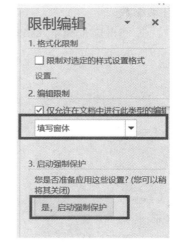

图 3-20　打开"限制编辑"对话框　　　　　图 3-21　在"限制编辑"
对话框中设置参数

注意：密码一旦设置完成，请将密码记录下来，保存在一个安全的位置，因为一旦忘记密码，任何人都将无法找回。

如果当前窗体处于"设计模式"下是没有办法启动强制保护的，应将窗体模式恢复为正常后再进行设置。

5. 取消窗体保护

当使用者需要对被保护的文档进行审阅或修改时，必须首先对窗体取消保护，对窗体取消保护的操作具体如下。

打开"应聘人员登记表"，选择选择"开发工具"→"保护"→"保护文档"→"限制编辑"命令，单击"限制编辑"任务窗格中的"停止保护"按钮，在如图 3-23 所示的"取消保护文档"对话框中输入设置的保护密码，最后单击"确定"按钮。

图 3-22　设置密码

图 3-23　"取消保护文档"对话框

本章小结

本章以企业广泛应用的"应聘人员登记表"为例,介绍了快速、精确绘制 Word 表格的方法,并进一步重点介绍了如何利用"控件"为表格创建窗体和设置窗体保护。

习 题 3

1.编制"个人简历"表格。参照图 3-24 编辑"个人简历"。

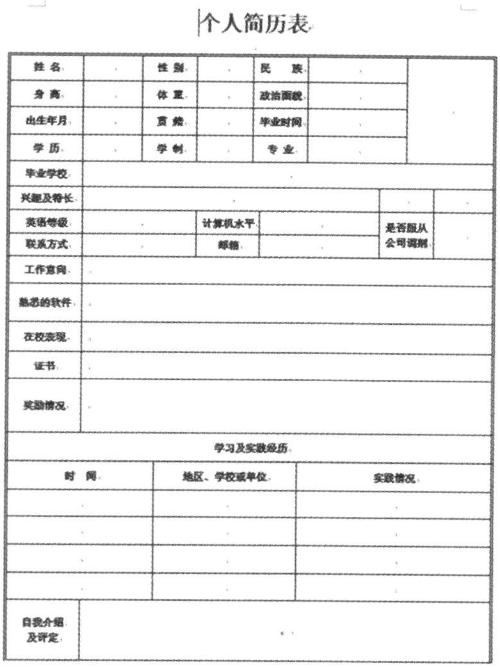

个人简历表

图 3-24 "个人简历"样本

2.在题 1 的表格基础上,参照已学案例,为表格设置控件和窗体保护。控件设置参照样例并结合实际。注意:插入的控件占位符和输入的内容不能改变表格原来的样式。

第4章 批量制作学生借阅证

"邮件合并"这个名称最初是在批量处理"邮件文档"时提出的。具体地说就是在邮件文档(主文档)的固定内容中,合并与发送信息相关的一组通信资料(数据源包括 Excel 表格、Access 数据表等),从而批量生成需要的邮件文档,因此可以大大提高工作效率。显然,"邮件合并"功能除了可以批量处理信函、信封等与邮件相关的文档外,一样可以轻松地批量制作学生证、借阅证、工资条、成绩单、准考证和入场证等。

在下面两种情况下,我们一般选用邮件合并功能:① 需要制作的数量比较大;② 这些文档内容分为固定不变的内容和变化的内容,如学生借阅证上借阅证的格式,姓名、学号、班级和学院等显示性文字都是固定不变的内容,而借阅人的具体个人信息就属于变化的内容。其中,变化的部分可以由数据表中含有标题行的数据记录来表示。

4.1 任务描述

本项目中,要求使用 Word 2016 提供的邮件合并功能,完成"××大学借阅证"的制作。要求制作的借阅证大小合适(便于携带)、有本校的明显特征、内容简明、版面美观,完成效果如图 4-1 所示。

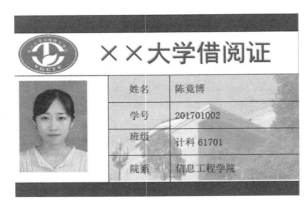

图 4-1　××大学借阅证参考效果图

4.2 任务实施

批量制作含照片的借阅证的难点和重点是插入合并域和嵌套域。如果操作不当,照片将无法引用或者无法显示。

4.2.1 新建借阅证数据源

新建借阅证数据源的具体操作步骤如下。

(1) 新建 Excel 文件"学生基本信息.xlsx"。

(2) 输入学生的基本信息。输入如图 4-2 所示的学生基本信息。注意:在输入的过程中使用自动填充功能和公式复制功能,可以提高输入效率,其中的照片列在输入时可采用下面的公式:

```
= "图片\" &  A2 &".jpg"
```

第4章 批量制作学生借阅证

注意:数据源中的图片名称一定要与实际照片的名称相一致,否则会出现不能正确引用照片和无法显示照片的错误。

学号	姓名	班级	院系	照片
201701001	巴靖煜	计科61701	信息工程学院	图片\\201701001.jpg
201701002	陈竟博	计科61701	信息工程学院	图片\\201701002.jpg
201701003	陈耐	计科61701	信息工程学院	图片\\201701003.jpg
201701004	崔树植	计科61701	信息工程学院	图片\\201701004.jpg
201701005	邓章傲	计科61701	信息工程学院	图片\\201701005.jpg
201701006	丁洲辉	计科61701	信息工程学院	图片\\201701006.jpg
201701007	冯楚平	计科61701	信息工程学院	图片\\201701007.jpg
201701008	龚政言	计科61701	信息工程学院	图片\\201701008.jpg
201701009	郭雾城	计科61701	信息工程学院	图片\\201701009.jpg
201701010	侯安龙	计科61701	信息工程学院	图片\\201701010.jpg
201701011	胡亮	计科61701	信息工程学院	图片\\201701011.jpg
201701012	黄梁	计科61701	信息工程学院	图片\\201701012.jpg
201701013	贾云寒	计科61701	信息工程学院	图片\\201701013.jpg
201701014	金昭	计科61701	信息工程学院	图片\\201701014.jpg
201701015	李荆广	计科61701	信息工程学院	图片\\201701015.jpg
201701016	李小龙	计科61701	信息工程学院	图片\\201701016.jpg
201701017	李瑶洋	计科61701	信息工程学院	图片\\201701017.jpg
201701018	刘传志	计科61701	信息工程学院	图片\\201701018.jpg
201701019	刘赟烜	计科61701	信息工程学院	图片\\201701019.jpg
201701020	罗成	计科61701	信息工程学院	图片\\201701020.jpg
201701021	罗轩	计科61702	信息工程学院	图片\\201701021.jpg

图 4-2　学生基本信息表

(3) 保存。将 Excel 文档保存在"D:\借阅证"文件夹中。

4.2.2　准备照片素材

准备照片素材的具体操作步骤如下。

(1) 新建文件夹"借阅证"。

为缩短引用照片的路径,以减小照片域代码全路径的长度,建议在 D 盘或 E 盘根目录下新建"借阅证"文件夹。本例中将"借阅证"文件夹建立在 D 盘,同时建立子文件夹"照片"用于存放所有的照片信息。在"D:\借阅证"文件夹下除了"照片"文件外还有:校徽、学校代表建筑照片、主文档、数据源文档和合并记录文档等文件。

(2) 处理照片大小,统一尺寸。

复制人员照片、学校代表性建筑和校徽(可自行设计微标)到"D:\借阅证"文件夹。以一英寸照片为基准(宽为 90 像素、高为 120 像素,约宽为 2.38 cm、高为 3.17 cm),用图像处理软件(如 Microsoft Office Manager、Photoshop 等)处理太大或太小的照片,控制宽度不大于 2.4 cm、高度不大于 3.2 cm。如果照片太大就不能完全显示,并且会使照片右边的单元格右移,导致借阅证的尺寸和形状发生改变。

4.2.3　建立借阅证主文档

借阅证主文档即在邮件合并的过程中信息不发生改变的部分,它决定着整个借阅证最终的外观和其中所包含的内容,完成效果可参照图 4-3。具体操作步骤如下。

1. 插入表格

选择"插入"选项卡的"表格"选项栏中的"表格"按钮,在弹出的"插入表格"对话框中,按如图4-4所示进行设置。

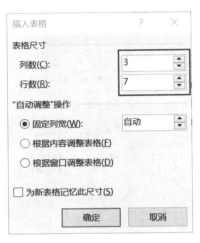

图 4-3　借阅证主文档　　　　图 4-4　"插入表格"对话框

2. 调整表格宽、高,合并单元格

选中表格,在弹出的"表格工具"下的"布局"选项卡,"单元格大小"区域设置"宽度"为"3.5 厘米"。

参照图 4-5 的样式对单元格进行合并和边框的调整。

3. 表格内容输入和样式设计

按照参考样例对表格进行内容和样式的输入。

尤其要注意在如图 4-5 所示的"3"处应插入校徽,在"4"处应插入艺术字"长江大学借阅证"并对艺术字进行适当的设计。

为了增加美感,可以在"5"处插入入场证的背景图片。在"插入"选项卡的"插图"选项栏中点击"图片"按钮,插入来自文件中的图片如图 4-6 所示。将图片插入后,右击图片,在弹出的右键快捷菜单中选择"大小和位置(Z)…",如图 4-7 所示,弹出如图 4-8 所示的"布局"对话框,选择环绕方式为"衬于文字下方(B)"。在选中图片的情况下,点击"图片工具"浮动工具栏中"格式"菜单下的"颜色"按钮,在"重新着色"选项组内选择"冲蚀"效果,如图 4-9 所示,然后调整图片大小,使整个图片衬于区域"5",至此,邮件合并的主文档制作完毕。

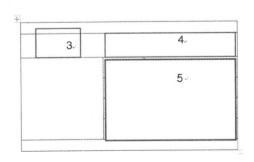

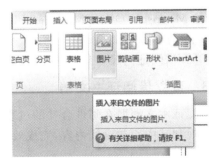

图 4-5　合并、调整单元格　　　　图 4-6　插入图片

图 4-7　设置图片大小与位置

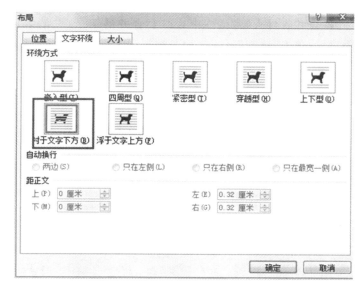

图 4-8　设置文字环绕方式

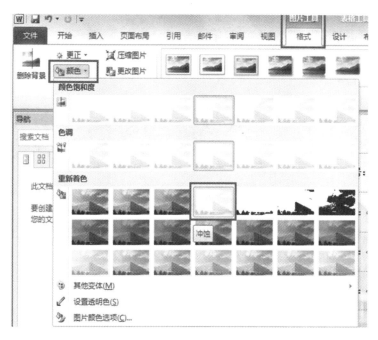

图 4-9　设置图片颜色效果

4.2.4　开始邮件合并

1. 建立借阅证主文档与"学生基本信息"的链接

选择"邮件"→"开始邮件合并"→"邮件合并分布向导（W）…"命令，如图 4-10 所示。

在弹出的"邮件合并"对话框中"选择文档类型"选项组中选中"目录"单选框，点击"下一步：开始文档"，如图 4-11 所示。选择开始文档："使用当前文档"，点击"下一步：选择收件人"；点击"下一步：选择收件人"；选择收件人："使用现有列表"；使用现有人列表：点击"浏览";在弹出的"选择数据源"对话框中,打开文件"学生基本信息.xlsx",如图 4-12 所示,在"邮件合并收件人"对话框中选取要合并的记录,取消空记录和不需要的记录,如图 4-13 所示,最后单击"确定"。主文档与数据源文件链接完成。

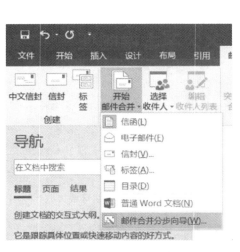

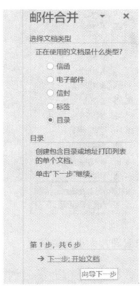

图 4-10　邮件合并分布向导　　　　　　图 4-11　选中"目录"

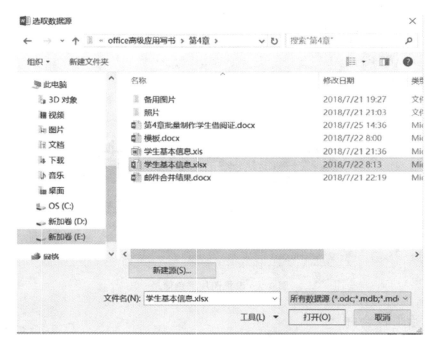

图 4-12　"选取数据源"对话框

2. 插入合并域与嵌套域

1)插入合并域

在借阅证的第 3 列表格中,分别插入对应的合并域:姓名、学号、班级和学校。

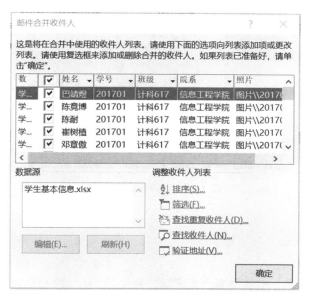

图 4-13 邮件合并收件人

操作步骤 将插入点光标定位至"姓名"右侧单元格,选择"邮件"→"编写和插入域"→"插入合并域"选项,在弹出的下拉菜单中选择"姓名",如图 4-14 所示。

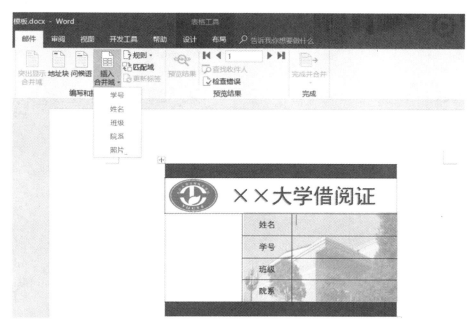

图 4-14 插入合并域

依次插入合并域姓名、学号、班级和学校,完成效果如图 4-15 所示。

2)插入照片嵌套域

插入嵌套域常用的方法有两种:① 使用 Ctrl+F9 组合键插入域标记{ },手动输入域代码;② 使用命令插入。第一种方法相对容易出错,故本例采用第二种方法。

图 4-15 合并域完成效果

操作步骤

（1）将光标定位在照片单元格。

（2）插入照片嵌套域。

选择"插入"→"文本"→"文档部件"→"域"命令，打开"域"对话框，如图 4-16 所示。在"类别（C）"下拉列表框中选择"链接和引用"选项，在"域名（F）"列表框中选择"IncludePicture"选项，选中"更新时保留原格式（V）"复选框，单击"确定"按钮，具体设置如图 4-16 所示。

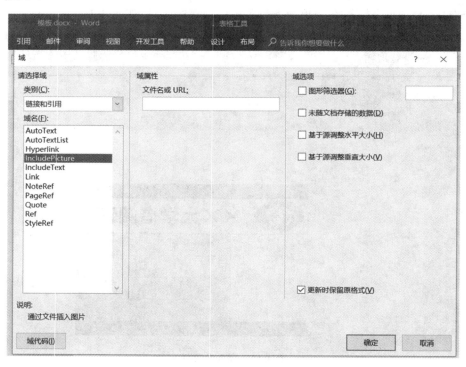

图 4-16 "域"对话框

因为还没有完成域的照片文件名输入，所以域结果显示为"错误！未指定文件名。"

注意：如果插入照片嵌套域时选择了"未随文档存储的数据（D）"复选框，则合并文档时不保存照片，只进行引用。如果将合并文档复制到其他计算机，则无法引用和显示照片。

3）切换域代码

在图 4-17 中 错误!未指定文件名 处右击,在弹出的快捷菜单中选择"切换域代码"命令即可。

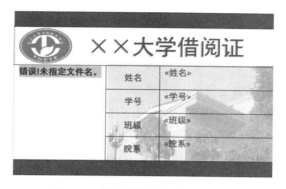

图 4-17　插入照片嵌套域结果显示

4）插入嵌套合并域"照片名"

将光标定位在域名之后的第 2 个空格处,如图 4-18 所示,然后选择"邮件"→"编写和插入域"→"插入合并域"→"照片"命令,即插入数据源的"照片"域,显示域结果为 错误!未指定文件名 。右击照片嵌套域 错误!未指定文件名 ,在快捷菜单中选择"切换域代码"命令,域代码如图 4-19 所示。

图 4-18　插入图片域"IncludePicture"

图 4-19　插入嵌套的合并域"照片"

在主文档照片单元格中插入嵌套合并域"照片名"后,即完成了照片嵌套域代码的编辑。但此时照片单元格显示的域结果仍然是 错误!未指定文件名 。因为 IncludePicture 域要求指定完全路径的照片名,而"照片"是合并域,还不是照片的名称。

3. 合并记录到新文档

记录可以合并到新文档,也可以合并到打印机(送打印机打印),还可以合并到电子邮件(通过 OutLook 2016 发送电子邮件),本例中采用的方式为合并到新文档。具体操作步骤如下。

1）插入空行

在借阅证表格下方插入两行空格,用于合并记录的分割。本例中单页将会存储三张借阅证,实际应用中可根据实际需要进行格式的调整。

2）合并记录

选择"邮件"→"完成"→"完成合并",在弹出的菜单中选择"编辑单个文档"命令,在选择"全部"命令,最后单击"确定"按钮。

合并记录文档的照片单元格依然显示 错误!未指定文件名,因为合并记录中的照片名称依然不是完全路径的文件名,这里不需要手动逐个修改,让系统自动更新即可。

3）保存合并文档

设置保存的路径和文件名为"D:\借阅证\邮件合并.docx"。

如果合并记录文档与照片没有保存在同一文件夹中,按 F9 键更新合并记录文档的照片域时仍然不会显示照片。

4）更新合并记录文档的照片域显示照片

使用 Ctrl＋A 组合键选中合并记录文档的全部内容（即选中文档中的全部照片域），按 F9 键更新域,显示的所有照片域的效果如图 4-20 所示。保存更新域显示照片的合并记录文档,将此文档复制到其他任何地方都会显示照片。

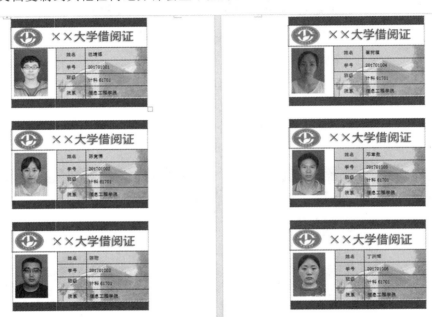

图 4-20　合并记录及照片显示效果图

5）显示合并记录文档的所有照片域代码

打开合并记录文档,使用 Alt＋F9 组合键显示合并记录文档中的全部照片域代码。从显示的照片域代码（见 4-21）可知,系统自动将照片名更新为当前的完全路径文件名,即照片名要用完全（绝对）路径的文件名"D:\借阅证\照片\201701001.jpg"才是正确的。将其复制到其他目录时,会自动更新为当前的完全路径。

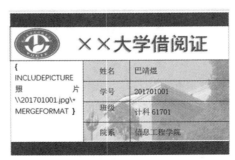

图 4-21　照片的完整域代码

注意:"邮件合并"是 Word 的一项高级功能,是办公自动化人员应该掌握的基本技术之一。在进行带有图片的邮件合并时还需要注意以下几点。

① 创建主文档时一定要考虑如何写才能与数据源更完美地结合,满足用户的要求(最基本的一点,就是在合适的位置留下数据填充的空间)。

② 数据源表格中一定不要有标题行。

③ 图片插入时使用 Alt+F9 组合键可以实现图片与源代码之间的切换,而按 F9 键可以实现图片刷新,在更改图片源代码时,一定要添加图片文件的扩展名。

④ 主文档建好后,一定要与图片保存在一个文件夹中,才能顺利刷新出图片。

⑤ 合并完成后的文档一定要保存在图片所在文件夹才能顺利刷新出所有图片,图片一旦刷新后,便可更改保存位置。

补充知识点:

Word 域

Word 域的含义:Word 域的英文意思是范围,类似数据库中的字段,实际上,它就是 Word 文档中的一些字段。每个 Word 域都有一个唯一的名字,但有不同的取值。使用 Word 排版时,若能熟练使用 Word 域,可增强排版的灵活性,减少许多烦琐的重复操作,提高工作效率。

1. 域是什么

首先,我们了解几个与域相关的概念。域是文档中的变量。域分为域代码和域结果。域代码是由域特征字符、域类型、域指令和开关组成的字符串;域结果是域代码所代表的信息。域结果根据文档的变动或相应因素的变化而自动更新。域特征字符是指包围域代码的大括号"{ }",它不是从键盘上直接输入的,使用 Ctrl+F9 组合键可插入这对域特征字符。域类型就是 Word 域的名称,域指令和开关是设定域类型如何工作的指令或开关。

例如,域代码{ DATE 〔MERGEFORMAT 〕在文档中每个出现此域代码的地方插入当前日期,其中"DATE"是域类型,"〔MERGEFORMAT"是通用域开关。

又例如当前时间域的域代码为:

$$\{DATE\backslash@"yyyy年'M 月'd 日"〔MERGEFORMAT\}$$

其域结果为:2009 年 2 月 1 日 (当天日期)。

2. 域能做什么

使用 Word 域可以实现许多复杂的工作。其主要包括:自动编页码、图表的题注、脚注、尾注的号码;按不同格式插入日期和时间;通过链接与引用在活动文档中插入其他文档的部分或整体;实现无需重新键入即可使文字保持最新状态;自动创建目录、关键词索引、图表目录;插入文档属性信息;实现邮件的自动合并与打印;执行加、减及其他数学运算;创建数学公式;调整文字位置等。

域是 WORD 中的一种特殊命令,它由花括号、域名(域代码)及选项开关构成。域代码类似于公式,域选项并关是特殊指令,在域中可触发特定的操作。在用 Word 处理文档时若能巧妙应用域,会给我们的工作带来极大的方便。特别是制作理科等试卷时,有着公式编辑器不可替代的优点。

1)更新域操作

当 WORD 文档中的域没有显示出最新信息时,用户应采取以下措施进行更新,以获得新域结果。

● 更新单个域:首先单击需要更新的域或域结果,然后按 F9 键。

● 更新一篇文档中所有域:选择"编辑"→"全选"命令,选定整篇文档,然后按 F9 键。

● 另外,用户也可以选择"工具"→"选项"命令,并单击"打印"选项卡,然后选中"更新域"复选框,以实现 Word 在每次打印前都自动更新文档中所有域的目的。

67

2）显示或隐藏域代码

● 显示或者隐藏指定的域代码：首先单击需要实现域代码的域或其结果，然后使用 Shift＋F9 组合键。

● 显示或者隐藏文档中所有域代码：使用 ALT＋F9 组合键。

3）锁定／解除域操作

● 要锁定某个域，以防止修改当前的域结果的方法是：单击此域，然后使用 Ctrl＋F11 组合键。

● 要解除锁定，以便对域进行更改的方法是：单击此域，然后使用 Ctrl＋Shift＋F11 组合键。

4）解除域的链接

首先选择有关域内容，然后使用 Ctrl＋Shift＋F9 组合键即可解除域的链接，此时当前的域结果就会变为常规文本（即失去域的所有功能），以后它当然再也不能进行更新了。用户若需要重新更新信息，必须在文档中插入同样的域才能达到目的。

5）用域创建上划线

选择"插入"→"域"，在"域代码"处输入 EQ 开关参数，单击"确定"按钮。注意：在"EQ"和开关参数之间有一个空格，如输入 Y 平均值（Y 带有上划线），插入域为"EQ \x\to(Y)"，然后单击"确定"即可。

6）用域输入分数

输入分数通常是用 Word 的公式编辑器来完成，其实使用域输入更简单易行。例如，要输入分数"a/b"操作时首先将光标定位在要输入分数的地方，使用 Ctrl＋F9 组合键插入域定义符，然后在"{ }"中输入表示公式的字符串"eq \f(a,b)"，注意 eq 和后面的参数之间有空格。然后使用 Shift＋F9 组合键，就会产生域结果"a/b"。对于带分数，只需把 eq \f(a,b) 换成 eq c\f(a,b)，就能得到"c 又 b 分之 a"。当然用户可以综合应用这些域，灵活输入各种形式的分数。而且用这种方法输入的分数等域结果在排版时会跟随其他文字一同移动，不会像使用公式编辑器插入的对象那样会因排版而错位。如果输入分数较多，可以先输入一个分数的域代码，然后复制、粘贴再进行数值修改即可提高输入速度。在"eq \f(a,b)"中，eq 表示创建科学公式的域名，\f 为创建分式公式的开关选项。其他常用开关选项还有创建根式的 \r、创建上标下标的 \s、以及建立积分的 \i 等。关于域代码和公式的对应关系，可以查看 Word 中关于域的"帮助"信息。

7）用域统计文档字数

（1）将鼠标定位到需要字数统计的地方（如文档末尾），然后输入关于提示字数统计结果的文字（如"本文总字数为："）。

（2）在菜单栏中选择"插入"→"域"命令项，打开"域"对话框。

（3）在"域"对话框中，首先选择"类别"→"文档信息"项，然后从"域名"列表框中选择"NumWords"项。该项用于统计文档总字数，也可以根据需要选择"NumChars"项来统计文档总字符数，选择"NumPages"项来统计文档的总页数，再单击"选项"按钮，打开"域选项"对话框中。

（4）在"域选项"对话框中，先在"格式"列表框中选择"1,2,3,…"项，然后单击"添加到域"按钮，将所选择的格式添加到域格式中，再单击"确定"按钮返回到"域"对话框中。

（5）在"域"对话框中单击"确定"按钮，即可关闭所有对话框，并返回到文档编辑状态，此时可以看到在当前光标处显示出了"本文总字数：××××"的字样。

（6）当插入上述域之后，如果对文档进行了修改，将光标定位在域代码上（此时颜色会变为灰色），然后按 F9 键，Word 会自动更新该域，并显示出更新后的总字数。

（7）为了方便，我们可以在每篇文档中都插入字数统计结果。其方法为：打开 Word 的备用模板（Normal.dot），然后按照上述方法将有关字数统计的域插入该文件中，以后所建立的每一篇文档中就会自动带有字数统计功能。

本 章 小 结

本章通过批量制作包含照片的××大学信息工程学院计科 61701 班的借阅证,详细介绍了邮件合并的操作步骤、插入照片嵌套域代码的引用和显示照片的高级技术,对制作类似含照(图)片的邮件合并文档具有指导意义。

习 题 4

1.利用本章素材文件夹提供的"照片"文件和数据源文件"教职工代表大会入场证.docx",批量生成包含照片的教职工代表大会入场证。

第 5 章

制作电子报刊

电子报刊(electronic press),也称为电子出版物、网上出版物。电子报刊是指运用各类文字、绘画、图形、图像处理软件,参照电子出版物的有关标准,创作的电子报或电子刊物,它是将信息以数字形式存储在光、磁等存储介质上,并可通过使用计算机在本地或远程读取的连续出版物。

电子报主要有以下优点。

(1)电子报刊是电子杂志,它可以借助计算机超快的运算速度和海量的存储能力,极大地提高信息量。

(2)在计算机特有的查询功能的帮助下,它使得人们在信息的海洋中快速寻找所需内容成为可能。

(3)电子报刊在内容的表现形式上,是声、图、像并茂,人们不仅可以看到文字、图片,还可以听到各种音效,以及看到活动的图像。

总之,电子报刊可以使人们获得多种感官的感受。加上电子报刊中极其方便的电子索引、随机注释功能,更使得电子报刊具有信息时代的特征。

值得一提的是,电子报刊在各种传媒系统(如电视系统)和计算机网络的出现,已经打破了以往的发行、传播形式,也打破了人们传统的时、空观念,它将会更加贴近人们的生活,更加密切人与人之间思想、感情的交流,更好地满足新时代人们对文化生活的更高要求。

制作主题式电子报是 Word 应用中的一个非常典型的案例。

5.1 任务描述

本任务以虚拟的报名——"湖北旅游杂志"为例,制作以"大美神农架"为主题的具有多媒体效果的电子报,对神农架进行推广介绍,促进其旅游业的发展。要求电子报刊以文字表达为主,辅以适当的图片、视频或 Flash 动画。

电子报刊的制作一般包括以下几个步骤。

* 确定电子报刊的主题并搜索素材(如文字材料、图片材料、音像材料及其他材料等)。
* 规划和设计版面。
* 编排电子报的内容。
* 优化电子报的效果。
* 制作导读栏。

为了便于学习和操作,将任务分解为四个子任务。

1. 规划和设计版面

完成电子报四个版面的总体规划。在各个版面中插入定位文本框,设定文本框的编号和类型、填充内容和大小,完成版面的设计。

2. 编排各版面内容

完成报头制作。把准备好的素材按主题填充到各个版面进行编排。

3. 优化电子报的效果

为电子报刊添加"神农架"的宣传视频和 Flash 动画等多媒体元素。微调定位文本框的大小,取消部分定位文本框的边框线,优化电子报刊的视觉效果。

4. 制作导读栏

为各版面的标题插入书签,在导读栏设置超链接,以方便读者快速阅读电子报刊。

完成后的电子报第 1 版和第 4 版的效果如图 5-24 所示,第 2 版和第 3 版的效果如图 5-25 所示。

 # 5.2　任务实施

5.2.1　规划和设计版面

1. 总体规划

电子报刊一般采用 A3、A4 或 B5 型纸。"湖北旅游杂志"包含两页 A3 型纸(高为 29.7 cm、宽为 42 cm),共 4 版内容,使用无框线的文本框来设置版面。

操作步骤　(1)新建 Word 文档。

新建"第 5 章制作电子报刊.docx"文档。

(2)页面设置。

选择"布局"→"页面设置"→"纸张大小",在弹出的菜单中选择"A3"。选择"布局"→"页面设置"→"页边距",在弹出的菜单中选择"自定义",在弹出的"页面设置"对话框中设置纸张方向为"横向(S)",设置左边距和右边距均为 1.8 cm、上边距和下边距均为 2 cm,如图 5-1 所示。

图 5-1　"页面设置"对话框

（3）插入文本框。

每页插入两个文本框，用于定位排版。文本框的高为 26 cm、宽为 18.55 cm（先保留边框线以便于排版操作，最后调整为无边框线）。总体规划效果如图 5-2 所示。

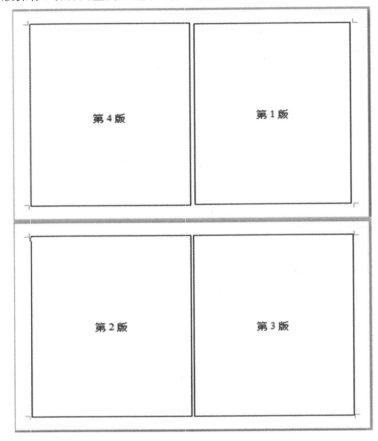

图 5-2　版面总体规划效果图

2. 第 1 版的版面设计

第 1 版的内容包括报头（如报刊名、刊号、出版单位或出版人、出版日期、刊数等）导读栏和报体（正文和标题）等。报体主要包括"世界水资源现状"和"水资源保护经验"两方面内容。

设计和定位版面所需要的文本框编号、类型、填充内容和参数见表 5-1。

表 5-1　第 1 版面设计

文本框编号	文本框类型	用途（填充内容）	文本框参数（高×宽）
1	横排	报刊名或 Logo	2.5 cm×13.85 cm
2	横排	出版日期、期数等	2.5 cm×4.2 cm
3	横排	出版单位、刊号等	0.8 cm×16 cm
4	横排	花边	0.85 cm×17.8 cm
5	横排	标题（报体）	1.1 cm×9.3 cm

文本框编号	文本框类型	用途(填充内容)	文本框参数(高×宽)
6	横排	正文(报体)+图片	13 cm×6.2 cm
7	横排	正文(报体)	13 cm×6.2 cm
8	横排	报眼(导读栏)	8.1 cm×5.68 cm
9	横排	标题+正文(报体)	5.43 cm×5.68 cm
10	横排	图片(报体)	2.8 cm×18 cm
11	竖排	标题+正文(报体)	3.8 cm×18.3 cm

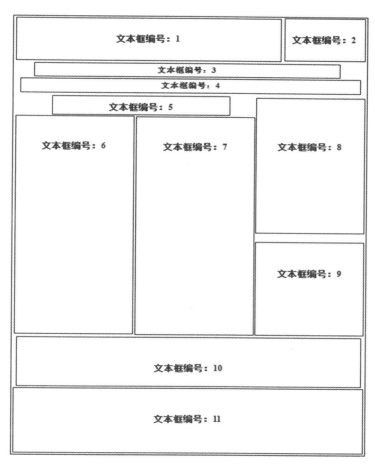

图 5-3 第 1 版面版式设计

3. 第 2 版的版面设计

第 2 版的报体主要包括"国家森林公园"、"国家地质公园"和"炎帝神农文化园"三个方面的内容。

设计和定位版面所需的文本框编号、类型、填充内容和参数见表 5-2,版面设计情况如图 5-4 所示。

表 5-2 第 2 版文本框编号、类型、填充内容和参数

文本框编号	文本框类型	用途(填充内容)	文本框参数(高×宽)
1	横排	标题	0.82 cm×18.5 cm
2	横排	标题+正文+图片	24.9 cm×5.8 cm
3	横排	标题+正文+图片	24.9 cm×5.8 cm
4	横排	标题+正文+图片	24.9 cm×6.5 cm

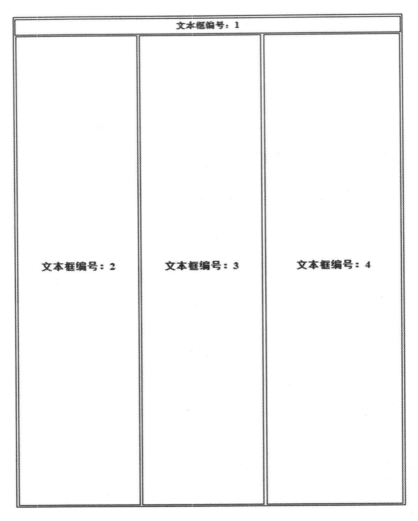

图 5-4 第 2 版版面设计

4. 第 3 版的版面设计

第 3 版的报体主要包括"注意事项和风俗习惯"、"景区概况"和"景区内交通"三个方面的内容。

设计和定位版面所需要文本框编号、类型、填充内容和参数见表 5-3,版面设计情况如图 5-5 所示。

表 5-3 第 3 版文本框编号、类型、填充内容和参数

文本框编号	文本框类型	用途(填充内容)	文本框参数(高×宽)
1	横排	标题	0.85 cm×17.8 cm
2	横排	标题+正文	9.8 cm×5.9 cm
3	横排	正文	9.8 cm×5.9 cm
4	横排	图片	6.38 cm×6.28 cm
5	横排	标题+正文	3.28 cm×6.28 cm
6	横排	标题	0.85 cm×17.8 cm
7	横排	正文	9.36 cm×5.72 cm
8	横排	正文+图片	9.36 cm×5.72 cm
9	横排	图片	2.8 cm×6.6 cm
10	横排	宣传视频	6.5 cm×6.6 cm
11	竖排	标题+正文+图片	4.4 cm×18.4 cm

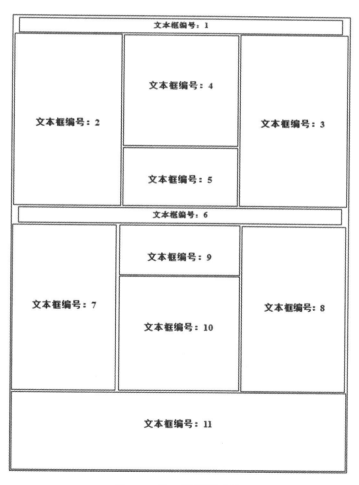

图 5-5 第 3 版版面设计

5. 第 4 版的版面设计

第 4 版的报体主要包括"神农顶风景区"、"香溪源景区"和"天生桥景区"三个方面的内容。

设计和定位版面所需要的文本框编号、类型、填充内容和参数见表 5-4,版面设计情况如图 5-4 所示。

表 5-4　第 2 版文本框编号、类型、填充内容和参数

文本框编号	文本框类型	用途(填充内容)	文本框参数(高×宽)
1	横排	标题	0.82 cm×18.5 cm
2	横排	标题＋正文＋图片	24.9 cm×5.8 cm
3	横排	正文＋图片	24.9 cm×5.8 cm
4	横排	标题＋正文＋图片	24.9 cm×6.5 cm

5.2.2　编排各版面内容

1. 制作报头

1)制作报刊名

在第 1 版的编号为 1 的文本框中插入艺术字"湖北旅游杂志",将其设置为方正舒体、字号为 68 磅,设置字体颜色为红色,选择"格式"→"艺术字样式"→"文本效果"→"转换",在弹出的选项中选择"山形",如图 5-6 所示。

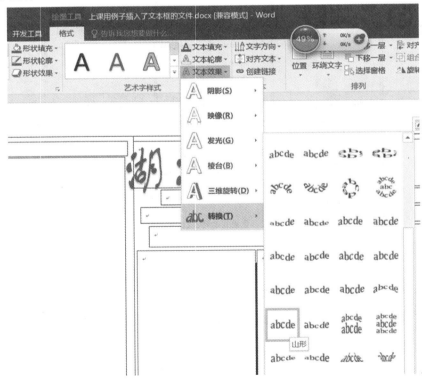

图 5-6　设置艺术字文本效果

2）输入出版日期、期数等信息并设置

在第 1 版的编号为 2 的文本框中输入文字"2018 年　　五月版　第一期〔总第一期〕2018 年 5 月 9 日"，设置为宋体、五号，加粗。

3）填写主办单位、刊号等信息

本报的主办单位、刊号等信息为虚拟的。在第 1 版的编号为 3 文本框中输入文字"主办：大美神农架协和　　出版：×××出版社　主编：×××　　E-Mail：00000000@qq.com"，设置为宋体、五号。

4）添加花边图片

在第 1 版的编号为 4 的文本框中插入花边图片，完成报头制作。

报头的制作效果如图 5-7 所示。

图 5-7　包头效果图

2.填充各个版面的报体内容

（1）按照规划和设计的版面把准备好的"神农架介绍"的素材分别填充到文本框里（文字使用复制的方式，图片使用插入的方式）。

（2）进行字体和段落格式的设置。设置本报正文的字体为宋体、五号，段落为首行缩进 2 字符、行间距为固定值 17 磅；设置文字标题的字体为小三或四号。如果遇到文字内容与文本框大小不相适应的情况，可对文本框里的文字、图片进行合理调整。调整的方法主要有以下几种。

① 使用创建文本框链接的方法实现文本的跳转。

② 把文本框中超出范围的文本剪切到文本较少的文本框。

③ 在不影响图片显示效果的前提下，适当调整图片大小

④ 在不影响版面美观的前提下，修改字体的缩放比例和字号。

⑤ 在不影响版面美观的前提下，调整段落的行距。

下面介绍第①种方法——创建文本框链接。

文本框链接就是把两个以上的文本框链接在一起，而不管它们的位置相差多远，如果文字在上一个文本框中排满，则在链接的文本框中接着排下去。

为第 1 版中编号为 6 的文本框和编号为 7 的文本框创建文本框链接，具体操作为：选中编号为 6 的文本框，选择"绘图工具"→"格式"→"文本"→"创建链接"命令，如图 5-8 所示，此时鼠标指针变成茶杯状，再将鼠标指针移至编号为 7 的文本框中（此时鼠标指针呈茶杯倾倒状）后单击。如果需要创建编号为 7 的文本框的下一个链接文本框，采用相同的方法继续操作即可。这里不需要创建编号为 7 的下一个文本框的链接。

注意：创建文本框链接时，目标文本框（编号为 7 的文本框）必须为空，否则会出现"目标文本框不空，只能到空文本"的提示信息，提示对话框如图 5-9 所示。

在编排各个版面的内容时，均可采用创建文本框超链接的方法。

图 5-8　创建文本框链接　　　　图 5-9　创建文本框链接的错误提示

5.2.3　优化电子报的效果

编排各版面内容后，可以为电子报添加宣传视频和 Fash 动画等多媒体元素，适当调整定位文本框的大小和位置，设置部分定位文本框为无边框线文本框，以完成电子报视觉效果的优化工作。

1. 添加宣传视频

在第 3 版的编号为 10 的文本框中添加宣传视频。

操作步骤　　（1）设置插入点。由于在文本框中不能直接插入视频，所以把插入点设置在"湖北旅游杂志.docx"文档第 2 页的任一空白处。

（2）选择"开发工具"→"旧式工具"→"其他控件"命令，如图 5-10 所示。

（3）在弹出的"其他控件"对话框中选择"Windows Media Player"选项，如图 5-11 所示。

图 5-10　其他控件

图 5-11　插入视频控件

此时，文档出现了视频控件。

（4）右击视频控件，在弹出的快捷菜单中选择"属性"命令，快捷菜单如图 5-12 所示。

（5）在弹出的"属性"对话框中，在 URL 栏中输入视频的路径和文件名，其他采用默认设置。如果视频和文档处于同一目录，可以使用相对路径，直接输入视频的文件名"视频.mov"即可，如图 5-13 所示。

图 5-12　打开属性对话框　　　　　　　　　　图 5-13　设置视频路径

（6）继续右击视频控件，在弹出的快捷菜单中选择"设置自选图形/图片格式（F）"命令，在弹出的对话框中设置控件的高度为 6.39 cm、宽度为 6.52 cm、文字环绕方式为"浮于文字上方"，如图 5-14 所示。

图 5-14　设置控件大小

（7）把视频控件移动到第 3 版编号为 10 的文本框中。操作完成后，保存文件位启用宏的 Word 文件"第 5 章例子.docm"。关闭文件，重新打开后就可以播放添加的视频，视频播放效果如图 5-15 所示。

图 5-15 视频播放效果

2. 添加 Fash 动画

在第 1 版的编号为 10 的文本框中添加 Flash 动画。

操作步骤 （1）设置插入点。

把插入点设置在"湖北旅游杂志"文档第 1 页的任一空白处。

（2）选择"开发工具"→"旧式工具"→"其他控件"命令。

（3）在弹出的"其他控件"对话框中选择"Shockwave Flash Object"选项，单击"确定"按钮，如图 5-16 所示。

（4）右击添加的 Flash 控件，在弹出的快捷菜单中选择"属性（I）"命令，快捷菜单如图 5-17 所示。

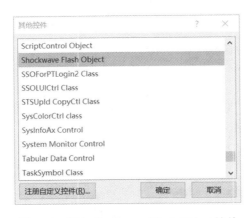

图 5-16 插入 Shockwave Flash Object 控件   图 5-17 Flash 控件快捷菜单

（5）弹出"属性"对话框，在"Movie"栏中输入 Flash 动画的路径和文件名，其他采用默认设置。如果 Flash 动画和文档处于同一目录，可以使用相对路径，直接输入 Flash 动画的名字"欢迎.swf"即可，如图 5-18 所示。

（6）继续右击 Flash 控件，选择"设置控件格式"命令，设置控件的高度为 2.76 cm、宽度为 17.8 cm、文字环绕方式为"浮于文字上方"。

ShockwaveFlash1 ShockwaveFlash	
按字母序　按分类序	
∨ (名称)	ShockwaveFlash1
AlignMode	0
AllowFullScreen	false
AllowFullScreenInteractive	false
AllowNetworking	all
AllowScriptAccess	
BackgroundColor	-1
Base	
BGColor	
BrowserZoom	scale
DeviceFont	False
EmbedMovie	False
FlashVars	
FrameNum	-1
Height	144
IsDependent	False
Loop	True
Menu	True
Movie	欢迎.swf
MovieData	
Playing	True
Profile	False
ProfileAddress	
ProfilePort	0
Quality	1
Quality2	High
SAlign	
Scale	ShowAll
ScaleMode	0
SeamlessTabbing	True
SWRemote	
Width	144
WMode	Window

图 5-18　设置"Movie"属性

（7）把 Fash 控件移动到第 1 版的编号为 10 的文本框中，操作完成后，就可以浏览到 Flash 动画的效果，如图 5-19 所示。

图 5-19　Flash 效果

3. 适当调整定位文本框

根据电子报的版面美观需求，应适当调整定位文本框的大小和位置，并设置部分定位文本框为无边框线文本框。

5.2.4　制作导读栏

链接是电子报区别于普通报刊的重要环节。一般情况下，必须在导读栏设置好超链接，以便读者通过导读栏的超链接快速阅读电子报。

制作导读栏的思路为：首先为各版面的标题插入书签，然后在导读栏设置超链接。

操作步骤　（1）选中第 1 版中的标题"神农架风景区简介"，选择"插入"→"链接"→"书签"命令，如图 5-20 所示，在弹出的"书签"对话框中输入书签名"神农架风景区简介"，单击"添加（A）"按钮，如图 5-21 所示。

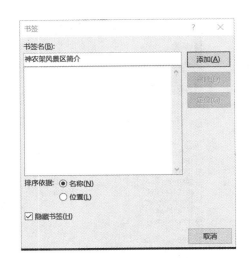

图 5-20　选择"书签"　　　　　　　　图 5-21　添加"书签"

（2）在第 1 版的编号为 8 的文本框中，在第 1 行输入"导读栏"，并设置为宋体、三号在第 2 行输入"神农架风景区简介　　第 1 版"，并设置其为楷体、五号、加粗。

（3）选中"神农架风景区简介　　第 1 版"，选择"插入"→"链接"→"超链接"命令，设置弹出的"插入超链接"对话框。

（4）在"插入超链接"对话框中，单击"书签"，选择"神农架风景区简介"书签，单击"确定"按钮，如图 5-22 所示。

（5）重复以上四步，为其他标题设置超链接，最终完成的效果如图 5-23 所示。

图 5-22　插入链接　　　　　　　　图 5-23　导读栏完成效果

注意：通过导读栏，读者可以在按下 Ctrl 键的同时进行单击，就可以快速定位到相应书签的位置。

电子报的第 1 版和第 4 版的最终完成效果如图 5-24 所示，第 2 版和第 3 版的最终完成效果如图 5-25 所示。

图 5-24　第 1 版和第 4 版最终完成效果

图 5-25　第 2 版和第 3 版最终完成效果

本章小结

　　本章介绍了电子报刊的定义和一些特点，以及在制作电子报刊时需要注意的问题，并以虚拟题目"湖北旅游杂志"为例详细介绍了电子报刊的制作步骤。本章重点介绍了版面的总体规划、版面的设计、各版面内容的图片、视频和 Flash 动画等多媒体的制作、导读栏的制作和其他一些高级操作的技术和方法。

习　题　5

1. 制作"3D 打印"电子报刊

以"3D 打印"为题，制作一个具备传统报刊基本要素、导读栏和多媒体效果的电子报刊。

第6章 青年歌手大赛成绩管理系统

现实生活中经常会有各种比赛,不同的比赛都有其各自不同的比赛规则,会产生很多的具有一定规律的比赛数据。当需要处理较多且有一定规律的数据的时候,可以利用 Excel 2016 软件设计一个应用系统工作簿,先设置一系列表格及格式,并将一些基本原始资料事先输入电子表中,通过自定义公式和函数设定好计算公式,在使用时只要输入对应项的数据就可以实现综合数据的自动计算了。

6.1 任务描述

某市要进行青年歌手大赛,比赛完毕后现场颁奖,要求工作人员通过计算机采用 Excel 2016 建立青年歌手大赛成绩管理系统,该系统能够进行快速评分与计算,得出成绩并确定最后获奖名单,并且能够通过链接把各张表功能集中在一张表的主界面上,使应用更加方便。

在进行青年歌手大赛成绩管理系统设计时,应先考虑以下几个方面的内容:① 根据比赛规则确定数据表和内容;② 建立比赛规程表;③ 建立选手表;④ 建立"自选曲目""规定曲目""声乐知识"等 7 位评委的打分表;⑤ 评委打分后按去掉一个最高分、去掉一个最低分求其平均得分;⑥ 建立各位选手的总得分表,总分为各位选手三项加权成绩之和;⑦ 对总分进行排序,并确定各位选手是否获奖;⑧ 分析评委的打分情况;⑨ 建立数据表调用主菜单。

然后根据比赛规则和任务要求,确定数据表和内容如下。

(1)主菜单工作表:起到快速调用工作表的作用。

(2)比赛规则工作表:将比赛规则放在一张表中,在比赛过程中便于查看。

(3)选手表:存放选手的参赛号、参赛地区、姓名和性别。

(4)自选曲目得分表:存放所有评委给所有选手的评分及每位选手该项目的得分。

(5)规定曲目得分表:存放所有评委给所有选手的评分及每位选手该项目的得分。

(6)声乐知识得分表:存放所有评委给所有选手的评分及每位选手该项目的得分。

(7)总得分表:存放各位选手的总得分及是否获奖。

(8)评委分析表:求出各位评委所有给出分数的平均值。

6.2 任务实施

1. 通过插入的方式添加所需的工作表

操作步骤 (1)启动 Excel 2016 后,右击 Sheet1,在弹出菜单中选择"插入(I)…",此时弹出"插入"对话框,在其中选中"工作表",单击"确定"按钮,如图 6-1 所示,插入一张工作表,用同样方法再插入 4 张工作表。

(2)右击位于最左边的 Sheet8,弹出如图 6-2 所示的快捷菜单,选择"重命名(R)",将"Sheet8"的标签改为"主菜单"。

(3)同理,依次将工作表重命名为"比赛规程""选手资料""自选曲目""规定曲目""声乐知识""总分""评委分析",如图 6-3 所示。

图 6-1　插入工作表　　　　图 6-2　选择重命名命令

图 6-3　重命名工作表

2. 通过剪贴板实现 Office 之间的数据共享

比赛规程的输入：单击"比赛规程"工作表标签，选定单元格范围"A1:K40"，并对其单元格进行合并；打开比赛规程的 Word 文档，选定有关内容并进行复制操作；单击"比赛规程"工作表，再选择"开始"→"剪贴板"→"粘贴"，将内容复制到"A1:K40"区域；然后根据实际情况设置文本格式，如字体、字号等，使布局整齐、美观。

3. 通过合并居中建立各表的标题

单击"选手资料"工作表标签，在 A1 单元格中输入"青年歌手大奖赛比赛选手资料一览表"。选择 A1:D1 范围，单击工具栏中的"合并及居中"按钮，根据实际情况设置字体、字号等格式。使用同样的方法建立自选曲目、规定曲目、声乐知识评分表等的标题："自选曲目选手得分情况一览表""规定曲目选手得分情况一览表""声乐知识选手得分情况一览表"，以及总分表标题"青年歌手大奖赛各选手总分一览表"、评委分析表标题"各评委对每位选手的 3 次打分平均值情况一览表"。并统一设置标题格式为"宋体，14 号，加粗"。

4. 输入数据

输入数据的具体操作步骤如下。

（1）在"选手资料"表的单元格"A2:D2"中对应输入"参赛号""参赛地区""姓名""性别"；在单元格"A3:D18"中输入 4 个城区 16 位选手的资料。

（2）在自选曲目、规定曲目、声乐知识评分表中，输入相关栏目，如在单元格"A2:K2"对应输入"出场序号""参赛号""姓名""评委 1""评委 2""评委 3""评委 4""评委 5""评委 6""评委 7""得分"。

（3）单击"自选曲目"工作表标签，填写"出场序号"的顺序号为 1～16，打乱随机填充。从"选手资料"工作表中将"参赛号"复制到"自选曲目"工作表。然后选中"自选曲目"工作表中的"出场序号"和"参赛号"两列进行复制，分别粘贴到"规定曲目"和"声乐知识"工作表。

（4）在总分表建立表栏目及已有信息。单击"选手资料"工作表标签，选定单元格区域

"A3:D18",单击"复制"按钮,单击"总分"工作表标签,再单击单元格"A3"之后单击"粘贴"按钮。在单元格"A2:I2"中对应输入"参赛号""参赛地区""姓名""性别""自选曲目""规定曲目""声乐知识""总分""获奖否"等。

（5）"评委分析"表中原始数据可以通过对各表中对应数据进行"复制"、"粘贴"操作来完成。

5. 通过边框等美化表格

单击"选手资料"工作表标签,选定单元格"A2:D18",单击选择"开始"→"单元格"→"格式"→"设置单元格格式(E)..."，如图6-4所示。系统弹出如图6-5所示的"设置单元格格式"对话框,选择"边框"选项卡。

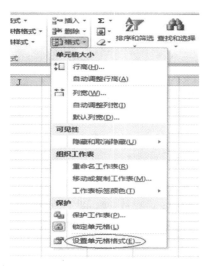

图6-4　设置单元格格式

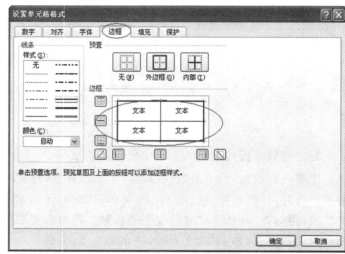

图6-5　设置边框

将"线条"设为细线,再点击"预置"选项组中的"内部(I)"按钮;将"线条"设为粗线,再单击"预置"选项组中的"外边框(O)"按钮;单击"确定"按钮后出现如图6-6所示的"青年歌手大奖赛比赛选手资料一览表"。

	A	B	C	D
1	青年歌手大奖赛比赛选手资料一览表			
2	参赛号	参赛地区	姓名	性别
3	1	城东	董宏峰	男
4	2	城东	周海霞	女
5	3	城东	杨建岚	女
6	4	城东	千海红	女
7	5	城南	王益锋	男
8	6	城南	卢艳芳	女
9	7	城南	刘华	女
10	8	城南	许晓华	女
11	9	城西	张栩	男
12	10	城西	屠志婵	女
13	11	城西	计宪群	男
14	12	城西	陈婵	女
15	13	城北	高仙	女
16	14	城北	王洁	女
17	15	城北	李阳	男
18	16	城北	周乐彩	女

图6-6　青年歌手大奖赛比赛选手资料一览表

6. 利用 VLOOKUP 函数从"选手资料"表中获取姓名

操作步骤 （1）在自选曲目评分表中选取单元格"C3"，选择"公式"→"函数库"→"插入函数"，如图 6-7 所示。将弹出如图 6-8 所示的"插入函数"对话框。

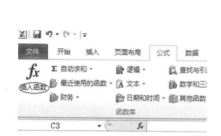

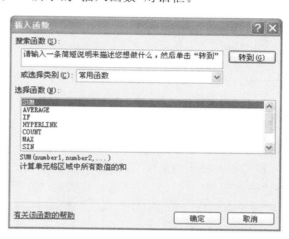

图 6-7 "插入函数"命令

图 6-8 "插入函数"对话框

（2）在"或选择类别（C）"下拉列表中选择"查找与引用"，在"选择函数（N）"列表中选择"VLOOKUP"，单击"确定"按钮，弹出如图 6-9 所示的"函数参数"对话框。在"Lookup_value"（搜索的条件值）输入框中输入"B3"，即"参赛号"，在"Table_array"（被搜索的表区域）输入框中输入"选手资料！＄A＄2：＄D＄18"，在"Col_index_num"（返回值所在的列号）输入框中输入"3"，即"姓名"列，在"Range_lookup"输入框中输入"TURE"或默认值，单击"确定"按钮，此时的编辑栏显示"＝VLOOKUP(B3,选手资料！＄A＄3：＄C＄20,3)"，在单元格"C3"出现"董宏峰"，此时用填充柄"✚"下拉至单元格 C18 将所有参赛者姓名填充完整。

（3）按同样的方法获得规定曲目评分表和声乐知识评分表的姓名。

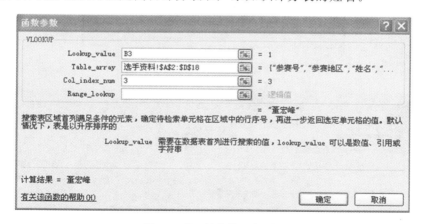

图 6-9 "函数参数"对话框

7. 用 IF 函数计算每位选手的得分

在自选曲目评分表中单击单元格 K3，输入计算公式："＝IF(SUM(D3：J3)＝0,""，(SUM(D3：J3)－MAX(D3：J3)－MIN(D3：J3))/(COUNT(D3：J3)－2))"，按回车键。该公式的含义是：当评委的亮分没有输入时，"得分"列为空，即所有评委的分未输入时，则

SUM(D3：J3)＝0，单元格值为空；否则通过(SUM(D3：J3)−MAX(D3：J3)−MIN(D3：J3))计算出总和 SUM(D3：J3)，减去一个最高分 MAX(D3：J3)，再减去一个最低分 MIN(D3：J3)，最后除以总评委数 COUNT(D3：J3)减 2 就可得出该选手的最终平均得分。用填充柄"＋"下拉至单元格 K18。

> **注意：**规定曲目评分表、声乐知识评分表对应栏目只要将自选曲目评分表的 K3 的公式内容复制过去就可以很快完成。

8. 利用 LOOKUP 函数自动获取选手得分

总分表中的选手得分可以利用 LOOKUP 函数从"自选曲目""规定曲目""声乐知识"表中自动获得。

单击单元格 E3，选择"公式"→"函数库"→"插入函数"，如图 6-7 所示，弹出如图 6-8 所示的"插入函数"对话框。在"或选择类别(O)"下拉列表中选择"查找与引用"，在"选择函数(N)"列表中选择"LOOKUP"，单击"确定"按钮，弹出如图 6-10 所示的"选定参数"对话框，此时选择"lookup_ value，lookup_vector，result_vector"，单击"确定"按钮，弹出"函数参数"对话框。在"Lookup_value"(搜索的条件值)输入框中输入"A3"，即"参赛号"；在"Lookup_vector"(被搜索的对应的关键列区域)输入框中输入"自选曲目!＄B＄3：＄B＄18"；在"Result_vector"(返回的结果区域)输入框中输入"自选曲目!＄K＄3：＄K＄18"，单击"确定"按钮，如图 6-11 所示，此时的编辑栏显示"＝LOOKUP(A3，自选曲目!＄B＄3：＄B＄18，自选曲目!＄K＄3：＄K＄18)"，按回车键后，用填充柄"＋"下拉至单元格 E18 获取自选曲目的得分。

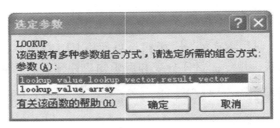

图 6-10　函数参数

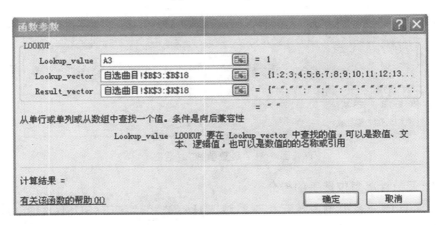

图 6-11　函数参数

同理,只要将单元格 F3 对应的编辑栏设置为"＝LOOKUP(A3,规定曲目!＄B＄3：＄B＄18,规定曲目!＄K＄3：＄K＄18)",按回车键后,用填充柄"╈"下拉至单元格"F18",即可获取规定曲目的得分。"声乐知识"的得分也只要修改表名就可获取,在此不再重复叙述。

补充知识点:

制表位相对引用、绝对引用、混合引用

在 Excel 中,有相对引用、绝对引用、混合引用三种引用方式,用绝对引用符"＄"进行区分。当列标和行号前均没有绝对引用符"＄"时,为相对引用,如"＝A1＋B1";当列标和行号前均有绝对引用符"＄"时,为绝对引用,如"＝＄A＄1＋＄B＄1";当列标或行号前有绝对引用符"＄"时,为混合引用,如"＝＄A1＋B＄1"。相对引用方式中,随着复制公式的位置变化,所引用单元格的位置也跟着发生变化;绝对引用方式中,随着复制公式位置的变化,所引用单元格的位置不会发生变化。混合引用方式中,随着复制公式的位置变化,所引用单元格的列标或行号前有绝对引用符"＄"的不会发生变化,而没有绝对引用符"＄"的将跟着发生变化。

(1) 相对引用。

若 C1 单元格有公式"＝A1＋B1"。则将公式复制到 C2 单元格时,公式变为"＝A2＋B2";将公式复制到 D1 单元格时,公式变为"＝B1＋C1"。

(2) 绝对引用。

若 C1 单元格有公式"＝＄A＄1＋＄B＄1"。则将公式复制到 C2 单元格时,公式仍为"＝＄A＄1＋＄B＄1";将公式复制到 D1 单元格时,公式仍为"＝＄A＄1＋＄B＄1"。

(3) 混合引用。

若 C1 单元格有公式"＝＄A1＋B＄1"。则将公式复制到 C2 单元格时,公式变为"＝＄A2＋B＄1";将公式复制到 D1 单元格时,公式变为"＝＄A1＋C＄1"。

9. 利用自定义公式计算总分

在总分表中,单击单元格 H3,输入公式"＝0.4＊E3＋0.4＊F3＋0.2＊G3",按回车键后,用填充柄"╈"下拉至单元格 H18,便可计算出总分。

10. 利用 IF 函数、RANK 函数判断是否获奖

用 IF 函数和 RANK 函数相配合,若 RANK 函数的值小于等于3,则为"获奖",填写"是",否则填写"否"。

单击单元格 I3,在编辑栏中输入"＝IF(RANK(H3,＄H＄3：＄H＄18)＜＝3,"是","否")",按回车键后,用填充柄"╈"下拉至单元格 I18。

11. 通过合并计算求得各评委对每位选手 3 次打分的平均值

首先在"数据源.xlsx"中把评委对三个项目的打分复制粘贴到"自选曲目""规定曲目""声乐知识"的相应单元格。然后在"评委分析"表中,选中单元格 C3,选择"数据"→"合并计算",系统弹出如图 6-12 所示的"合并计算"对话框。

在"函数(F)"下拉列表中选择"平均值",单击"引用位置(R)"输入框右侧的区域选择按钮,再单击"自选曲目"工作表标签,选择"D3：J18",系统显示"自选曲目!＄D＄3：＄J＄18",结束选择,单击"添加(A)"按钮,系统将该选择结果从"引用位置(R)"输入框移至"所有引用位置"列表框中。同理,分别将"规定曲目""声乐知识"等数据的引用位置添加到"所有引用位置"列表框中。在"评委分析"工作表中,单击单元格 C3,此时在"引用位置(R)"输

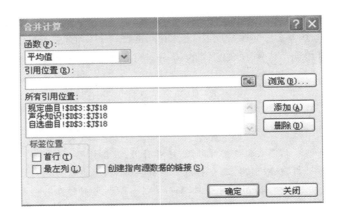

图 6-12 "合并计算"对话框

入框中显示"$C$3",清除该内容,单击"确定"按钮,系统将自动计算出各评委对每位选手的 3 次打分平均值。然后设置单元格格式,保留两位小数。

12. 通过绘图、艺术字等功能栏建立主菜单界面

由于青年歌手大奖赛需要使用 7 张表,可创建一个"主菜单"工作表,其布局如图 6-13 所示,以达到快速调用工作表的目的。

图 6-13 主菜单界面

在"主菜单"工作表中,选中 A1:G22 范围,单击工具栏中的"合并及居中"按钮,选择"插入"→"文本"→"艺术字",选择艺术字式样,选择字体为"黑体",字号"36",输入"主菜单",单击"确定"按钮,并将"主菜单"这三个字拖放到合适的位置。

选择"插入"→"插图"→"形状",单击"基本形状"中的按钮,如图 6-14 所示,将其拖放至合适大小并右击,在弹出的快捷菜单中选择"编辑文字",在椭圆框内输入"比赛规程",设置字体为"华文隶书",字号为"14",进一步调整椭圆的大小到最合适的状态。点击"复制"按钮,再点击"粘贴"按钮六次,用拖放的形式将七个椭圆调整到合适的位置,并修改其他六个椭圆中的文字。

13. 通过超链接实现主菜单各项目与对应工作表的链接

在"主菜单"工作表中,右击"比赛规程"椭圆,在弹出的快捷菜单中选择"超链接",此时

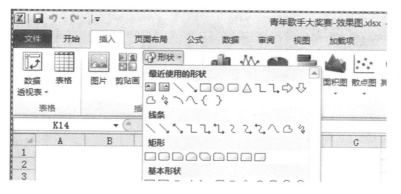

图 6-14　插入形状

将弹出如图 6-15 所示的"插入超链接"对话框。在对话框中点击"书签（O）"按钮，弹出如图6-16 所示的"在文档中选择位置"对话框。选择"比赛规程.doc"，再单击"确定"按钮，系统返回"插入超链接"对话框，如图 6-17 所示，链接"比赛规程"完成，单击"确定"按钮完成超链接的设置。

图 6-15　"插入超链接"对话框

图 6-16　插入书签

图 6-17 完成超链接

同理,其他六张表的链接按上述的操作进行,只要按菜单功能链接到表标签即可。

本章小结

Excel 可对复杂的数据进行处理,只要理清思路,通过数据分析、表的建立、数据共享、表与表之间的数据传递、通过函数建立各类自动计算模块,并以数据管理系统的菜单形式进行操作,从而建立起系统化的概念,就可实现对复杂数据的轻松处理。在 Excel 2016 中,对处理复杂数据十分有用的函数有统计函数中的 SUM、MAX、MIN、COUNT、RANK 等,逻辑函数中的 IF,查找与引用函数中的 LOOKUP、VLOOKUP。还可使用"插入"选项卡中的"超链接"功能、"格式"选项卡中的"字体"功能、"数据"选项卡中的"合并计算"功能等进行相关设置。

对于复杂的数据,要进行系统化处理主要有以下几个步骤。

(1)分析数据规律,建立所需用表。

(2)建立各表标题,输入相关的原始数据,灵活运用 Office 数据共享功能,提高输入数据的速度。

(3)美化数据表格。

(4)利用函数实现各数据表格之间的数据调取。

(5)利用函数实现依据部分数据对事物进行逻辑判断处理。

(6)利用自定义公式计算部分数据。

(7)利用合并计算功能对各表的数据进行综合计算。

(8)通过图形图像、艺术字等制作美化工具制作出漂亮的主界面。

(9)通过超链接功能实现主界面与各工作表之间的连接。

通过以上系统化设计,可以使数据处理十分简便,并生成典型的自动处理数据系统,使用者只需要输入相应的数据,表格即能自动处理,使用起来十分方便。

习 题 6

1. 如果你是校学生会干部,请用 Excel 为即将举行的校园十佳歌手大奖赛设计一个成绩评分、自动统计与分析的表格。

要求:制定比赛得分规则、分析需要的数据、建立对应的数据表,然后利用 Excel 给出的函数进行统计分析,实现自动统计分析,最后确定名次的功能。

第⑦章 差旅费管理

差旅费是指出差期间因办理公务而产生的交通费、住宿费和公杂费等各项费用。差旅费是行政事业单位和企业的一项重要的经常性支出项目。

 7.1 任务描述

财务部助理小章需要向主管汇报 2017 年度公司差旅报销情况,需要在已有工作表数据基础之上进行数据格式的再处理和数据统计汇总。具体要求如下。

1. 费用报销管理表的完善

● 修改日期数据的显示格式。

● 提取"地区"。

● 通过费用"类别编号"对"费用报销管理"表和"费用类别"表进行匹配并填充"费用报销管理"表中的"费用类别"列。

● 判断工作是否为加班,填充"是否加班"列。

2. 差旅费用分类统计

● 单条件统计。

● 多条件统计。

 7.2 任务实施

打开"Contoso 公司差旅报销管理.xlsx"工作簿,工作簿中有三张工作表,分别为费用报销管理、费用类别和差旅成本分析报告。

7.2.1 "费用报销管理"表的完善

费用报销管理表的内容如图 7-1 所示,其具体要求为:在"费用报销管理"工作表"日期"列的所有单元格中,标注每个报销的日期属于星期几。例如,日期为"2017 年 1 月 20 日"的单元格应显示为"2017 年 1 月 20 日星期五",日期为"2017 年 1 月 21 日"的单元格应显示为"2017 年 1 月 20 日星期六"。

在 Excel 中输入数据,输入的数据格式与最终的显示格式常常不一样,因为数据在 Excel 中的最终显示效果是由其单元格格式决定的。

在"计算机基础"课程中我们学习了如何设置在系统中已经存在的单元格格式,但是,当所需要设置的单元格格式在"设置单元格格式"对话框中不能直接找到的时候应该怎么办呢? 下面以上述要求为例进行讲解。

操作步骤 (1)选中单元格区域。

单击单元格"A3"并滑动鼠标滚轮或拖动窗口左侧的垂直滚动条至"A401"单元格处,按下 Shift 键的同时单击"A401"单元格,选中区域 A3:A401。

(2)设置单元格格式.

右击选中区域,在弹出的菜单中选择"设置单元格格式(F)…",如图 7-2 所示。在弹出的"设置单元格格式"对话框中选择"数字"选项卡;在"分类(C)"列表框中选择"自定义",在"类

Contoso 公司差旅报销管理

日期	报销人	活动地点	地区	费用类别编号	费用类别	差旅费用金额	是否加班
2017年1月20日	孟××	福建省厦门市思明区莲岳路118号中烟大厦1702室		BIC-001		¥ 120.00	
2017年1月21日	陈××	广东省深圳市南山区蛇口港湾大道2号		BIC-002		¥ 200.00	
2017年1月22日	王××	上海市闵行区浦星路699号		BIC-003		¥ 3,000.00	
2017年1月23日	方××	上海市浦东新区世纪大道100号上海环球金融中心56楼		BIC-004		¥ 300.00	
2017年1月24日	钱××	海南省海口市琼山区红城湖路22号		BIC-005		¥ 100.00	
2017年1月25日	王××	云南省昆明市官渡区拓东路6号		BIC-006		¥ 2,500.00	
2017年1月26日	黎××	广东省深圳市龙岗区坂田		BIC-007		¥ 140.00	
2017年1月27日	刘××	江西省南昌市西湖区洪城路289号		BIC-005		¥ 200.00	
2017年1月28日	陈××	北京市海淀区东北旺西路8号		BIC-006		¥ 345.00	
2017年1月29日	徐××	北京市西城区西绒线胡同51号中国会		BIC-007		¥ 22.00	
2017年1月30日	张××	贵州省贵阳市云岩区中山西路51号		BIC-008		¥ 246.00	
2017年1月31日	王××	贵州省贵阳市中山西路51号		BIC-009		¥ 388.00	
2017年2月1日	王××	辽宁省大连中山区长江路123号大连日航酒店4层清苑厅		BIC-010		¥ 29.00	
2017年2月2日	谢××	四川省成都市城市名人酒店		BIC-003		¥ 500.00	
2017年2月3日	王××	山西省大同市南城墙永泰西门		BIC-004		¥ 458.70	
2017年2月4日	关××	浙江省杭州市西湖区北山路78号香格里拉饭店东楼1栋555房		BIC-005		¥ 532.60	
2017年2月5日	唐××	浙江省杭州市西湖区紫金港路21号		BIC-006		¥ 606.50	
2017年2月6日	钱××	北京市西城区阜成门外大街29号		BIC-007		¥ 680.40	
2017年2月7日	刘××	福建省厦门市软件园二期观日路44号9楼		BIC-005		¥ 754.30	
2017年2月8日	李××	广东省广州市天河区黄埔大道666号		BIC-006		¥ 828.20	
2017年2月9日	方××	广东省广州市天河区林和西路1号广州国际贸易中心42层		BIC-007		¥ 902.10	
2017年2月10日	王××	江苏省南京市白下区汉中路89号		BIC-008		¥ 976.00	
2017年2月11日	谢××	天津市和平区南京路189号		BIC-009		¥ 1,049.90	
2017年2月12日	王××	山东省青岛市颐中皇冠假日酒店三层多功能厅		BIC-006		¥ 1,123.80	
2017年2月13日	唐××	广东省东莞市新城市商务中心区会展北路		BIC-007		¥ 1,197.70	
2017年2月14日	钱××	河北省石河子市石河子信息办公室		BIC-005		¥ 1,271.60	
2017年2月15日	刘××	重庆市渝中区中山三路155号		BIC-006		¥ 120.00	
2017年2月16日	张××	北京市利星行广场微软大厦206体验中心		BIC-007		¥ 200.00	

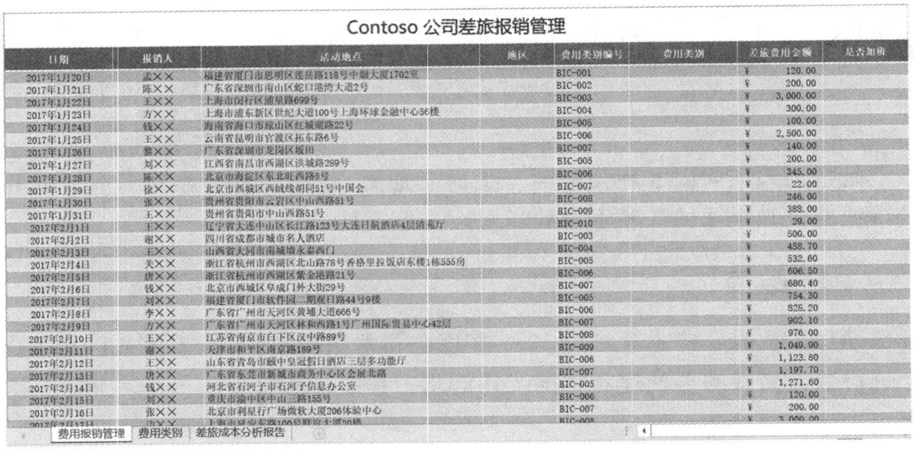

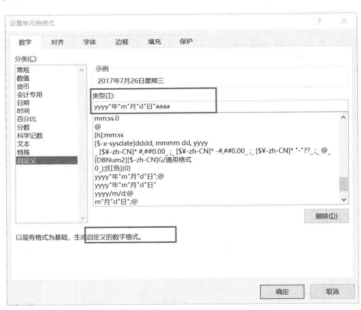

图 7-1　费用报销管理表

型(T)”下拉列表框中选择“yyyy‘年’m‘月’d‘日’”并在其后面输入 4 个字符“aaaa”，如图 7-3 所示。最终效果如图 7-4 所示。

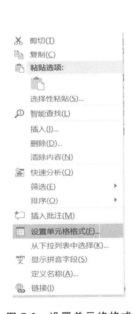

图 7-2　设置单元格格式

图 7-3　设置“自定义”格式

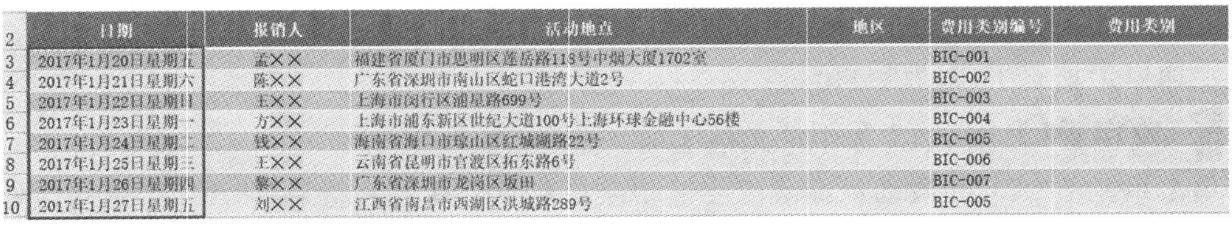

	日期	报销人	活动地点	地区	费用类别编号	费用类别
3	2017年1月20日星期五	孟××	福建省厦门市思明区莲岳路118号中烟大厦1702室		BIC-001	
4	2017年1月21日星期六	陈××	广东省深圳市南山区蛇口港湾大道2号		BIC-002	
5	2017年1月22日星期日	王××	上海市闵行区浦星路699号		BIC-003	
6	2017年1月23日星期一	方××	上海市浦东新区世纪大道100号上海环球金融中心56楼		BIC-004	
7	2017年1月24日星期二	钱××	海南省海口市琼山区红城湖路22号		BIC-005	
8	2017年1月25日星期三	王××	云南省昆明市官渡区拓东路6号		BIC-006	
9	2017年1月26日星期四	黎××	广东省深圳市龙岗区坂田		BIC-007	
10	2017年1月27日星期五	刘××	江西省南昌市西湖区洪城路289号		BIC-005	

图 7-4　单元格设置完成效果

注意：此处设置日期格式没有在“日期”分类中设置，因为“日期”中不包含此格式。

7.2.2 提取"地区"

提取"地区"的具体要求为：使用公式，统计每个活动地点所在的省区市，并将其填写在"地区"列所对应的单元格中，如"北京市""浙江省"。具体操作步骤如下。

（1）输入公式。

双击"D3"单元格，在单元格内输入公式"＝Left(C3,3)"，按回车键执行公式。

（2）复制公式。

将光标移动至"D3"单元格右下角，当光标变为实心"十"字时拖动鼠标至 D501 或者直接双击鼠标实现在 D4：D501 区间内公式的复制。

补充知识点：

LEFT、RIGHT、MID 函数

在对字符串进行处理时，我们经常会用到取出某个单元格数据的前几位数、中间几位数，或者后几位数，比如要取出省区市中的市，该怎么办呢？

1. LEFT 函数

LEFT 函数的用途为：从文本字符串的第一个字符开始返回指定个数的字符。

LEFT 函数的语法格式如下。

```
LEFT(text, [num_chars])
```

其中，各参数的意义如下。

- text(必需)：包含要提取的字符的文本字符串。
- num_chars(可选)：指定要由 LEFT 提取的字符的数量。

例 7.2.1 A1 单元格中有一串数字"0123456789"，要求取出左边 4 个数字。

操作步骤 双击 B1 单元格，输入公式"＝LEFT(A1,4)"。

2. RIGHT 函数

RIGHT 函数的用途为：根据所指定的字符数返回文本字符串中最后一个或多个字符。

RIGHT 函数的语法格式如下。

```
RIGHT(text, [num_chars])
```

其中，各参数的意义如下。

- text(必需)：包含要提取的字符的文本字符串。
- num_chars(可选)：指定要由 RIGHT 提取的字符的数量。

例 7.2.2 A1 单元格中有一串数字"0123456789"，要求取出右边 4 个数字。

操作步骤 双击 B1 单元格，输入公式"＝RIGHT(A1,4)"。

3. MID 函数

MID 函数的用途为：返回文本字符串中从指定位置开始的特定数目的字符，该数目由用户指定。

MID 函数语法的格式如下。

```
MID(text, start_num, num_chars)
```

其中，各参数的意义如下。

- text(必需)：包含要提取字符的文本字符串。
- start_num(必需)：文本中要提取的第一个字符的位置。文本中第一个字符的 start_num 为 1，依此类推。
- num_chars(必需)：指定希望 MID 从文本中返回字符的个数。

例 7.2.3 A1 单元格中有一串数字"0123456789"，要求取出"3456"四个数字。

操作步骤 双击 B1 单元格，输入公式"＝MID(A1,4,4)"。

7.2.3 填充"费用报销管理"表中的"费用类别"列

要求 依据"费用类别编号"列的内容，使用 VLOOKUP 函数，生成"费用类别"列内容，对照关系参考"费用类别"工作表。

思路 通过"费用类别"工作表中的"费用编号"查找"费用类别"。

操作步骤 （1）输入函数。

单击"F3"单元格，选择"公式"→"函数库"→"插入函数"，在弹出的"插入函数"对话框中，设置"或选择类别(C)"为"查找与引用"，设置"选择函数(N)"为"VLOOKUP"，最后单击"确定"按钮，如图7-5所示。

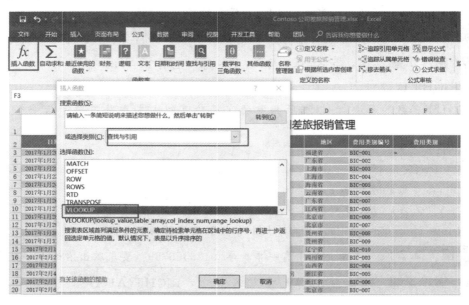

图 7-5　使用 VLOOKUP 函数

在弹出的"函数参数"对话框中参照图 7-6 进行参数的设置。

（2）复制公式。

将光标移动至"F3"单元格右下角，当光标变为实心"十"字时，拖动光标至 F501 或者直接双击实现在 F4：F501 区间内公式的复制。

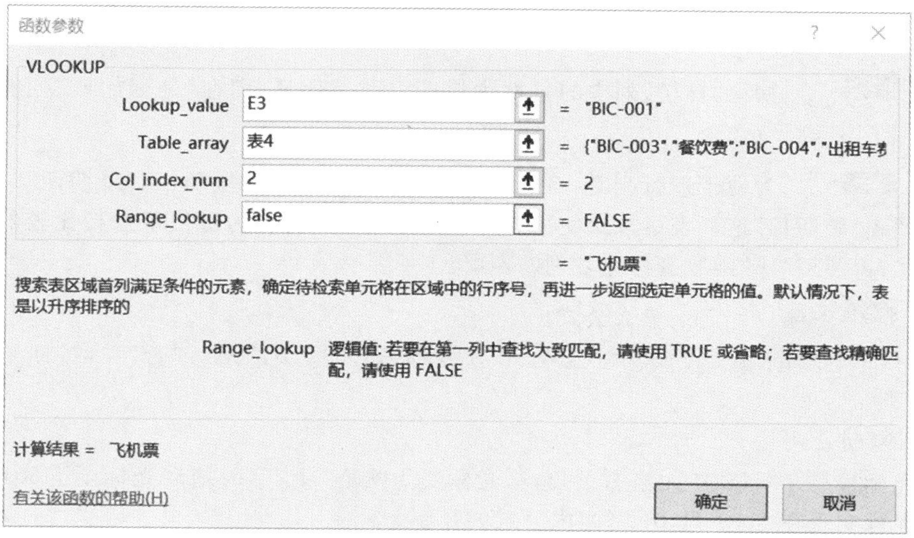

图 7-6 VLOOKUP 函数参数设置

补充知识点：

VLOOKUP 函数

VLOOKUP 函数的用途为：在表格的首列查找指定的数值，并由此返回数据表当前行中指定列处的数值。

VLOOKUP 函数的语法格式如下。

```
VLOOKUP(lookup_value,table_array,col_index_num,range_lookup)
```

其中，各参数的意义如下。

- lookup_value：表示在 table_array 数据表第一列中需要查找的数值。
- table_array：表示需要在其中查找数据的单元格区域。
- col_index_num：表示在 table_array 区域中待返回的匹配值的列序号（当 col_index_num 为 2 时，返回 table_array 中第 2 列中的数值；为 3 时，返回第 3 列的数值等）。
- range_lookup 为一个逻辑值，如果为 TRUE 或省略，则返回近似匹配值，也就是说，如果找不到精确匹配值，则返回小于 lookup_value 的最大数值；如果为 FALSE，则返回精确匹配值，如果找不到，则返回错误值 #N/A。

注意 查阅值所在的区域。应注意：查阅值应该始终位于所在区域的第一列，这样 VLOOKUP 才能正常工作。例如，如果查阅值位于单元格 C2 内，那么查找区域应该以 C 开头。

区域中包含返回值的列号。例如，如果指定 B2：D11 作为区域，那么应该将 B 算作第一列，C 作为第二列，依此类推。

如果需要返回值的近似匹配，可以指定 TRUE；如果需要返回值的精确匹配，则指定 FALSE。如果没有指定任何内容，默认值将始终为 TRUE 或近似匹配。

7.2.4 填充"是否加班"列

要求　如果"日期"列中的日期为星期六或星期日,则在"是否加班"列的单元格中显示"是",否则显示"否"。

思路　为便于进行判断,首先将"星期一""星期二""星期三""星期四""星期五""星期六"和"星期日"这种表达方式使用 WEEKDAY 函数转化为更便于进行比较的阿拉伯数字形式,再使用"IF"函数进行比较判断。

操作步骤　(1) 输入公式。

在"H3"单元格输入公式"=IF(WEEKDAY(A3,2)>5,"是","否")",按回车键执行公式。

(2) 复制公式。

将光标移动至"H3"单元格右下角,当光标变为实心"十"字时拖动光标至 H501 或者直接双击光标实现在 H4:H501 区间内公式的复制。

补充知识点:

1. IF 函数

IF 函数的用途为:IF 函数允许通过测试某个条件并返回 TRUE 或 FALSE 的结果,从而对某个值和预期值进行逻辑比较。

IF 函数的语法格式如下。

```
IF(logical_test,[value_if_true],[value_if_false])
```

其中,各参数的意义如下。

- logical_test(必需):计算结果可能为 TRUE 或 FALSE 的任意值或表达式。
- value_if_true(可选):logical_test 参数的计算结果为 TRUE 时所要返回的值。
- value_if_false(可选):logical_test 参数的计算结果为 FALSE 时所要返回的值。

注意　IF 语句非常强大,其构成了许多电子表格模型的基础,但也是导致许多电子表格问题的根本原因。理想情况下,IF 语句应适用于最小条件(如 Male/Female 和 Yes/No/Maybe),但是对更复杂情况求值时则需要同时嵌套 3 个以上的 IF 函数。

例 7.2.3　使用 IF 函数,对图 7-7 所示工作表中的"学位"列进行自动填充。要求:填充的内容根据"学历"列的内容来确定(假定学生均已获得相应学位)。

- 博士研究生-博士;
- 硕士研究生-硕士;
- 本科-学士;
- 其他-无。

操作步骤　将光标定位在 Sheet1 的 H3 单元格,输入公式"=IF(G3="博士研究生","博士",IF(G3="硕士研究生","硕士",IF(G3="本科","学士","")))",计算出第一个学位,然后向下填充出其他学位。其结果如图 7-8 所示。

2. WEEKDAY 函数

WEEKDAY 函数的用途为:返回对应于某个日期的一周中的第几天。默认情况下,天数是 1(星期日)到 7(星期六)范围内的整数。

姓名	性别	出生年月	学历	学位	笔
董江波	女	1973/03/07	博士研究生		1
傅珊珊	男	1973/07/15	本科		1
谷金力	女	1971/12/04	博士研究生		1
何再前	女	1969/05/04	本科		1
何宗文	男	1974/08/12	大专		1
胡孙权	男	1980/07/28	本科		1
黄威	男	1979/09/04	硕士研究生		1
黄芯	男	1979/07/16	本科		1
贾丽娜	男	1973/11/04	硕士研究生		1
简红强	男	1972/12/11	本科		1
郎怀民	男	1970/07/30	硕士研究生		1
李小珍	男	1979/02/16	硕士研究生		1
项文双	男	1972/10/31	硕士研究生		1
肖凌云	男	1972/06/07	本科		1
肖伟国	男	1974/04/14	大专		1
谢立红	男	1977/03/04	本科		1

图 7-7　学历填充

```
=IF(G3="博士研究生","博士",IF(G3="硕士研究生","硕士",IF(G3="本科","学士","")))
```

C	D	E	F	G	H	I	J	K	L	
考证号	姓名	性别	出生年月	学历	学位	笔试成绩	笔试成绩比例分	面试成绩	面试成绩比例分	总
008502132	董江波	女	1973/03/07	博士研究生	博士	154.00	46.20	68.75	27.50	73

图 7-8　IF 函数的使用

WEEKDAY 函数的语法格式如下。

```
WEEKDAY(serial_number,[return_type])
```

其中,各参数的意义如下。

- serial_number(必需):其为一个序列号,表示尝试查找的那一天的日期。应使用 DATE 函数输入日期,或者将日期作为其他公式或函数的结果输入。例如,使用函数 DATE(2008,5,23) 输入 2008 年 5 月 23 日。如果日期以文本形式输入,则会出现问题。
- return_type(可选):用于确定返回值类型的数字。从星期日=1 到星期六=7,用 1;从星期一=1 到星期日=7,用 2;从星期一=0 到星期日=6,用 3。

7.2.5　差旅费用分类统计

要求　(1) 在"差旅成本分析报告"工作表 B3 单元格中,统计 2017 年的差旅费用中飞机票占所有报销费用的比例,格式为保留 2 位小数的百分数。

(2) 在"差旅成本分析报告"工作表 B4 单元格中,统计 2017 年第二季度发生在北京市的差旅费用总金额。

(3) 在"差旅成本分析报告"工作表 B5 单元格中,统计 2017 年员工钱顺卓报销的火车票费用总额。

(4) 在"差旅成本分析报告"工作表 B6 单元格中,统计 2017 年发生在周末(星期六和星期日)的通信补助总金额。

操作步骤　(1) B3 单元格输入以下公式。

= SUMIF(费用报销管理！F3：F401，"飞机票"，费用报销管理！G3：G401)/SUM(费用报销管理！G3：G401)

右击"B3"单元格，在弹出的菜单中单击"设置单元格格式"，在弹出的"设置单元格格式"对话框中选择"数字"选项卡，设置"分类(C)"为"百分比"，设置"小数位数(D)"为"2"，最后单击"确定"按钮，如图 7-9 所示。

图 7-9　单元格格式设置

补充知识点：

SUMIF 函数

SUMIF 函数的用途为：对满足条件的若干单元格求和。

SUMIF 函数的语法格式如下。

SUMIF(range, criteria, [sum_range])

其中，各参数的意义如下。

● range(必需)：根据条件进行计算的单元格的区域。每个区域中的单元格必须是数字或名称、数组或包含数字的引用，空值和文本值将被忽略。所选区域可以包含标准 Excel 格式的日期。

● criteria(必需)：用于确定对哪些单元格求和的条件，其形式可以为数字、表达式、单元格引用、文本或函数。例如，条件可以表示为 32、">32"、B5、"32"、"苹果"或 TODAY()。

● sum_range(可选)：要求和的实际单元格（如果要对未在 range 参数中指定的单元格求和）。如果省略 sum_range 参数，Excel 会对在 range 参数中指定的单元格（即应用条件的单元格）求和。

注意　任何文本条件或任何含有逻辑或数学符号的条件都必须使用双引号（""）括起来。如果条件为数字，则不用使用双引号。

可以在 criteria 参数中使用通配符（包括问号（?）和星号（*））。其中，问号匹配任意单个字符，星号匹配任意一串字符。如果要查找实际的问号或星号，请在该字符前键入波形符（~）。

（2）在 B4 单元格输入公式，具体如下。

　　= SUMIFS(费用报销管理！G3：G401，费用报销管理！D3：D401，"北京市"，费用报销管理！A3：A401，"> = 2017-4-1"，费用报销管理！A3：A401，"< = 2017-6-30")

补充知识点：

SUMIFS 函数

SUMIFS 函数的用途为：对一组给定条件指定的单元格求和。

SUMIFS 函数的语法格式如下。

　　SUMIFS(sum_range,criteria_range1,criteria1,[criteria_range2,criteria2], ...)

其中，各参数的意义如下。

- sum_range（必需）：表示要求和的单元格区域。
- criteria_range1（必需）：表示使用 criteria1 测试的区域。
- criteria_range1 和 criteria1：设置用于搜索某个区域是否符合特定条件的搜索对。一旦在该区域中找到了对应项，将计算 sum_range 中的相应值的和。
- criteria1（必需）：定义将计算 criteria_range1 中的哪些单元格的和的条件。例如，可以将条件输入为"32"、">32"、"B4"、"苹果"或"32"。
- criteria_range2，criteria2（可选）：附加的区域及其关联条件。最多可以输入 127 个区域/条件对。

（3）在 B5 单元格输入公式，具体如下。

　　= SUMIFS(费用报销管理！G3：G401，费用报销管理！B3：B401，"钱顺卓"，费用报销管理！F3：F401，"火车票")

（4）在 B6 单元格输入公式，具体如下。

　　= SUMIFS(费用报销管理！G3：G401，费用报销管理！F3：F401，"通信补助"，费用报销管理！H3：H401，"是")

本 章 小 结

本章的关键在于 VLOOKUP 函数、SUMIF 函数和 SUMIFS 函数的使用。通过 VLOOKUP 函数的精确匹配，可以在不同的工作表中建立关联，获得匹配数据。SUMIF 函数和 SUMIFS 函数用于对满足单个或多个条件的数据进行求和。

习 题 7

1. 向阳律师事务所的统计员小章需要对本所外汇报告的完成情况进行统计分析，并据此计算员工奖金。按照下列要求帮助小任完成相关的统计工作并对结果进行保存。

（1）打开素材文件"Excel 素材. xlsx"，通过复制的方式，将文档中以每位员工姓名命名的 5 个工作表内容，合并到一个名为"全部统计结果"的新工作表中。

注意：合并结果自 A2 单元格开始，保持 A2～G2 单元格中的列标题依次为报告文号、客户简称、报告收费（元）、报告修改次数、是否填报、是否审核、是否通知客户。

（2）在"客户简称"和"报告收费（元）"两列之间插入一个新列，列标题为"责任人"。

通过数据有效性中的序列功能，限定该列中的内容只能是员工姓名高小丹、刘君赢、王铬争、石明砚、杨晓柯中的一个，并提供输入用的下拉箭头。然后，根据原始工作表名依次输入每个报告所对应的员工责任人姓名,再将其他五个员工姓名工作表隐藏。

（3）利用条件格式"浅红色填充"标记重复的报告文号。

选中表格数据区域,在数据选项卡下排序功能,按"报告文号"升序、"客户简称"笔画降序排列数据区域。在重复的报告文号后,依次增加(1) 、(2) 格式的序号进行区分,使用西文括号,如 13(1)。

（4）在数据区域的最右侧,增加"完成情况"列,在该列中按以下规则:当左侧三项"是否填报""是否审核""是否通知客户"全部为"是"时,显示"完成",否则为"未完成"。

（5）利用开始选项卡下的条件格式功能,将所有"未完成"的单元格,以标准红色文本,突出显示;在"完成情况"列的右侧增加"报告奖金"列,运用 IF 函数,按照下列表格要求,对每个报告的员工奖金进行统计计算(以元为单位)。另外,当完成情况为"完成"时,每个报告多加 30 元的奖金,未完成时没有额外奖金,奖金标准如表 7-1 所示。

表 7-1　奖金颁发标准

报告收费金额/元	每个报告奖金/元
小于等于 1000	100
大于 1000 小于等于 2800	报告收费金额的 8%
大于 2800	报告收费金额的 10%

（6）选中表格数据区域,套用内置表格格式:表样式浅色 16,并包含标题,设置对齐方式为水平垂直均居中,设置行高为 18,列宽为自动调整。

设置"报告收费(元)"和"报告奖金",标题下单元格格式为:保留两位小数的人民币格式。随后设置整个表格,单元格格式保护设置为不锁定,仅"完成情况"和"报告奖金"标题下的两列数据为锁定,随后在"审阅"选项卡下,设置默认的保护工作表密码为空,用于保护这两列数据不被修改。

（7）打开工作簿"Excel 素材 2. xlsx",将其中的工作表"Sheet1"复制到工作簿"Excel. xlsx"的最右侧。将"Excel. xlsx"中的 Sheet1 重命名为"员工个人情况统计",并将其工作表标签颜色设为紫色。

（8）在工作表"员工个人情况统计"中,利用条件计数函数 COUNTIF、COUNTIFS,以及求和函数 SUM、SUMIF,对每位员工的报告完成情况及奖金进行计算统计,并依次填入相应的单元格。

（9）在工作表"员工个人情况统计"中,选中修改过的报告次数为 0~4 次的合计数据单元格,插入一个三维饼图。

选中该饼图,在"布局"选项卡的"数据"选项栏中,设置数据标签仅包括百分比和显示引导线,并设置数字类别为:保留 2 位小数的百分比。

随后在"设计"选项卡的"选择数据"中,切换行/列,编辑水平(分类)轴标签为:C2 至 G2 单元格。将该图表放置在表格的下方,并适当调整大小。

第 8 章　进销存管理

进销存,又称为购销链,是指企业管理过程中采购(进)→入库(存)→销售(销)的动态管理过程。进:是指询价、采购到入库与付款的过程。销:是指报价、销售到出库与收款的过程。存:是指出入库之外,包括领料、退货、盘点、报损报溢、借入、借出、调拨等影响库存数量的动作。进销存管理是一种非常典型的数据库应用技术,对于很多实际应用项目而言其核心就是进销存管理。

对于一些小型企业来说,产品的进销存量不太大,没有那么复杂,不值得花钱购买一套专业的软件。所以利用 Excel 制作简单的进销存表格就是一个很好的选择。本章将详细介绍如何用 Excel 2016 进行进销存管理。

 ## 8.1　任务描述

拓扑文具店主要从事办公用品和办公设备的经销,要求用 Excel 2016 制作一个进销存管理系统,对公司的各项业务进行管理。该系统应该具备以下功能。

1. 资料管理

- 商品管理。
- 供应商管理。
- 客户管理。

2. 进货管理

- 进货单输入。

3. 销售管理

- 销售单输入。
- 销售单打印。

4. 库存管理

- 库存查询。
- 库存警戒设置。
- 库存结构分析。

5. 营业统计

- 按日期统计营业额。

6. 销售分析

- 客户排行。
- 销售单金额分布。
- 销售综合分析。

 ## 8.2　任务设施

打开素材文件夹下的"第 8 章进销存管理系统.xlsx"工作簿,为了使读者从烦琐的基础数据输入中解放出来,将更多的精力放在知识点的学习上。本例中已建好"商品清单""供应商清单""客户清单""商品进货单""商品进货明细""商品销售单""商品销售明细"等七张工作表，并简单介绍了在输入基础数据过程中需要注意的问题。利用已有的这七张工作表对数据进行数据的合并、统计和分析再生成"商品库存""商品库存详情""商品销售详情""商品库存查询""商品库存警戒""商品库存结构""商品销售单打印""营业统计""客户排行""金额分布"和"销售透视"等十一个工作表。

8.2.1 输入基础资料

基础资料包括商品、供应商和客户信息，这些信息是相对比较固定的。

1. 输入"商品清单"工作表中的信息

"商品清单"工作表用于存储商品的基本信息，包括"ID"、"名称"和"类别"字段，如图 8-1所示。

	A	B	C
1	ID	名称	类别
2	A001	象棋	日常用品
3	A002	美嘉中性笔芯	书写工具
4	A003	毛笔	办公文具
5	A004	大削笔器	日常用品
6	A005	打印机	办公设备
7	A006	小刀	办公文具
8	A007	小字本	办公文具
9	A008	打火机	日常用品
10	A009	2B绘图铅笔	书写工具
11	A010	文件夹	办公文具
12	A011	文件袋	办公文具
13	A012	跳棋	日常用品
14	A013	档案盒	办公文具
15	A014	玻璃围棋	日常用品
16	A015	传真机	办公设备

图 8-1 "商品清单"工作表

> 注意："商品清单"工作表中的 ID 表示商品编码，是唯一的，用于区分不同的商品。其他字段是关于商品特征的描述，根据实际需要可增加"品牌"、"型号"、"规格"和"计量单位"等字段，处理方法与"名称"相同。本案例重点在于说明进销存的基本原理，为了简便起见，只使用了最少的字段。

另外，相同商品不同进货批次的进价可能不同，实际处理中一般采用均价和非均价两种方式，大部分单位采用非均价（先进先出）。本案例中，若遇同一商品不同进价的情况，则视为两种商品来处理。

1）对 ID 设置输入限制

商品的 ID 都以"A"开头，长度固定为 4 位，而且不能重复。通过设置数据有效性，可避免非法输入。

操作步骤 （1）选中要输入 ID 的单元格区域 A2：A76。

（2）选择"数据"→"数据工具"→"数据验证"，在弹出的菜单中选择"数据验证（V）..."，打开"数据验证"对话框，如图 8-2 所示。在"设置"选项卡中进行如下设置："允许（A）"选择"自定义"，"公式（F）"输入"＝AND(LEN(A2)＝4,COUNTIF($A$2:$A$76,A2))"，如图 8-3 所示。在"出错警告"选项卡中进行如下设置："样式（Y）"选择"警告"，"标题（T）"输入文字"无效数据"，"错误信息（E）"输入文字"ID 必须为 4 位，其不能重复。"，如图 8-4 所示。

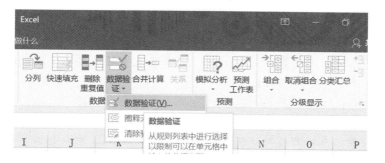

图 8-2　打开"数据验证"对话框

图 8-3　设置"ID"字段有效性

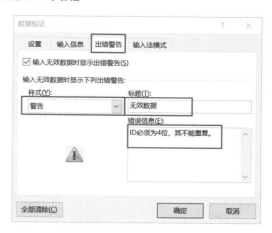

图 8-4　设置出错警告

经过以上设置后,在输入和修改 ID 时,若长度不为 4 位或出现重复值,如修改 A2 单元格的"ID"为"A0001"则会出现如图 8-5 所示的"无效数据"对话框,进行错误提示。

图 8-5　"无效数据"对话框

补充知识点:

1. AND 函数

AND 函数的用途为:检查是否所有参数均为 TRUE,如果所有参数均为 TRUE 则返回 TRUE。

AND 函数的语法格式如下。

```
AND(logical1, logical2,…)
```

其中,各参数的意义如下。

● logical1, logical2,…:是 1~255 个结果为 TRUE 或为 FALSE 的检测条件,检测内容可以是逻辑值、数组或引用。

2. COUNTIF 函数

COUNTIF 函数的用途为：对区域中满足单个指定条件的单元格进行计数。

COUNTIF 函数的语法格式如下。

```
COUNTIF(range, criteria)
```

其中，各参数的意义如下。

● range（必需）：要对其进行计数的一个或多个单元格，其中包括数字或名称、数组或包含数字的引用。空值和文本值将被忽略。

● criteria（必需）：用于定义将对哪些单元格进行计数的数字、表达式、单元格引用或文本字符串。例如，条件可以表示为"32"、">32"、"B4"、"苹果"或"32"。

2）对"类别"字段提供序列选择

所有商品分为书写工具、办公文具、纸制品、办公设备和日常用品等五类。可以用数据有效性在输入和修改"类别"字段时提供选项，以供选择，从而保证输入的合法性和准确性。

操作步骤 （1）选中要输入"类别"的单元格区域 C2:C76。

（2）选择"数据"→"数据工具"→"数据验证"，在弹出的菜单中选择"数据验证(V)…"，打开"数据验证"对话框，如图 8-2 所示。在"设置"选项卡中进行如下设置："允许(A)"选择"序列"，"来源(S)"输入"书写工具,办公文具,纸制品,办公设备,日常用品"，如图 8-6 所示。

经过以上设置后，选中"类别"列的任一单元格时，都会在其右侧出现一个下三角按钮，在下拉列表中提供了所有类别以供选择，如图 8-7 所示。

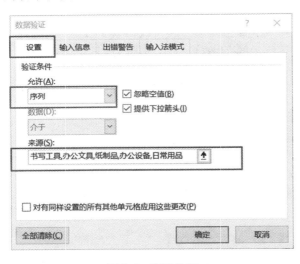

图 8-6　序列设置

图 8-7　类别下拉列表

2. 输入"供应商清单"工作表中的内容

"供应商清单"工作表用于存储供应商的基本信息，包括"ID"、"名称"字段，如图 8-8 所示。其中，"ID"是唯一的。

3. 输入"客户清单"工作表中的内容

"客户清单"工作表用于存储客户的基本信息，包括"ID"、"名称"字段，如图 8-9 所示。

其中,"ID"是唯一的。

8.2.2 输入进货数据

进货数据一般包括进货单号、进货日期、供应商、商品名称、进货数量、进价等信息。因为一张进货单往往包含多种商品,为减少数据冗余,故用"商品进货单"与"商品进货明细"两个工作表来存储进货信息。

1. 输入"商品进货单"工作表中的内容

"商品进货单"工作表用于存储所有进货单的一些共同信息,包括"单号"、"日期"及"供应商 ID"字段,如图 8-10 所示。其中,"单号"是唯一的。

	A	B
1	ID	名称
2	B001	发展文具有限公司
3	B002	荆州市长江文具股份有限公司
4	B003	顺丰文具配送有限公司
5	B004	春来文具
6	B005	宏图文化用品有限公司
7	B006	美嘉文化有限公司
8	B007	春芽文化有限公司
9	B008	大张文化用品有限公司
10	B009	新西兰文化用品有限公司
11	B010	白云桥文化用品有限公司
12	B011	晨光文具制造有限公司

图 8-8　"供应商清单"工作表

	A	B
1	ID	名称
2	C001	零售
3	C002	长江大学
4	C003	北京市第三小学
5	C004	水利局
6	C005	电力局
7	C006	实验小学
8	C007	中国邮政储蓄银行
9	C008	金九龙
10	C009	晶魏
11	C010	南湖机械厂
12	C011	四机厂

图 8-9　"客户清单"工作表

	A	B	C
1	单号	日期	供应商 ID
2	D001	2016-05-05	B001
3	D002	2016-08-08	B008
4	D003	2016-12-10	B008
5	D004	2017-02-02	B004
6	D005	2017-05-05	B005
7	D006	2017-06-08	B004
8	D007	2017-08-08	B010
9	D008	2017-08-08	B001
10	D009	2017-10-01	B004
11	D010	2017-10-10	B003
12	D011	2017-10-10	B004

图 8-10　"商品进货单"工作表

注意:"商品进货单"工作表中的"供应商 ID"必须是"供应商清单"工作表中已有的 ID,编辑时可以通过数据有效性设置保证其合法性。

操作步骤　(1) 选中要输入"供应商 ID"单元格区域 C2:C12。

(2) 选择"数据"→"数据工具"→"数据验证",在弹出的菜单中选择"数据验证(V)…",打开"数据验证"对话框,如图 8-2 所示。在"设置"选项卡中进行如下设置:"允许(A)"选择"自定义","公式(F)"输入"＝COUNTIF(供应商清单!＄A＄2:＄A＄12,C2)＜＞0",如图 8-11 所示。在"出错警告"选项卡中进行如图 8-12 所示的设置。

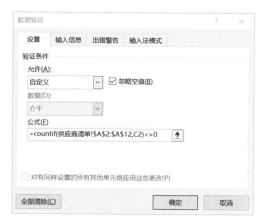

图 8-11　"供应商 ID"数据有效性设置

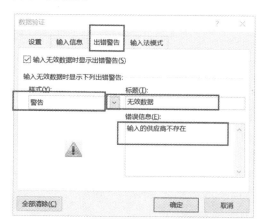

图 8-12　"出错警告"设置

经过以上设置后,编辑"供应商 ID"字段时,若在"商品进货单"工作表中输入未曾出现过的 ID,例在单元格中输入"BOO11"则会出现如图 8-13 所示的无效数据对话框。

2. 输入"商品进货明细"工作表

"商品进货明细"工作表用于存储"商品进货单"中的具体商品信息,包括"进货单号""商品 ID""进货数量"和"进价"四个字段,如图 8-14 所示。

	A	B	C	D
1	进货单号	商品ID	进货数量	进价
2	D001	A001	89	3.9
3	D001	A002	44	2.0
4	D001	A003	17	0.8
5	D001	A007	89	3.4
6	D001	A008	178	1.5

图 8-13 错误提示   图 8-14 "商品进货明细"工作表

> **注意:**"商品进货明细"工作表中的"进货单号"必须是"商品进货单"工作表中已有的"单号",编辑时可参照"商品进货单"的"供应商 ID"数据有效性设置方法,保证其合法性。

8.2.3 输入销售数据

输入销售数据的处理方法与进货数据类似。

1. 输入"商品销售单"工作表中的内容

输入"商品销售单"工作表中的字段"单号""日期"和"客户 ID",如图 8-15 所示。

2. 输入"商品销售明细"工作表中的内

输入"商品销售明细"工作表中的字段"销售单号""商品 ID""销售数量"和"单价",如图 8-16 所示。

单号	日期	客户ID
E001	2016-08-08	C001
E002	2016-10-01	C003
E003	2017-01-01	C003
E004	2017-01-01	C003
E005	2017-01-05	C001
E006	2017-02-02	C001
E007	2017-02-12	B0008
E008	2017-02-12	C001
E009	2017-05-05	C001
E010	2017-06-15	C011
E011	2017-07-07	C001

	A	B	C	D
1	销售单号	商品ID	销售数量	售价
2	E001	A001	5	4.9
3	E001	A002	6	2.5
4	E002	A001	10	4.9
5	E002	A003	2	1.2
6	E002	A009	1	0.3
7	E002	A011	8	1.2
8	E002	A025	8	22.5
9	E002	A026	10	4.7
10	E002	A029	3	2.9

图 8-15 "商品销售单"工作表   图 8-16 "商品销售明细"工作表

至此,"商品清单""供应商清单""客户清单""商品进货单""商品进货明细""商品销售单"和"商品销售明细"工作表输入完成,这七个表是整个进销存系统的原始数据,其他所有的信息都是在此基础上得出的。

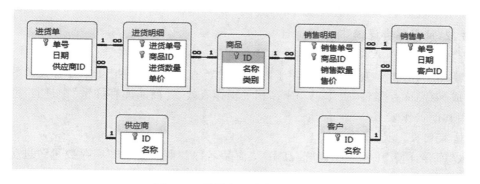

图 8-17　进销存系统表间关系图

> **注意**：这七个表并不是孤立存在的，而是互相关联的，表间关系如图 8-17 所示。图中，有钥匙符号标识的字段为主键，用于唯一识别一条记录，如"商品清单"表中 ID 字段。主键也可以是多字段的，如"商品进货明细"表的主键为"进货单号"和"商品 ID"。不同表之间通过关联字段建立了对应关系，如通过"商品清单"表中的"ID"字段与"商品进货明细"中的"商品 ID"字段，"商品清单"表与"商品进货明细"表建立了一对多的对应关系。其含义为：对于"商品清单"表中的任意记录，在"商品进货明细"表中有任意条（0 条、1 条或多条）记录与其对应；对于"商品进货明细"表中的任意记录，在"商品"表中有且只有一条记录与其对应。

8.2.4　计算商品库存

"商品库存"工作表用于记录当前的库存数据，是通过"商品进货明细"和"商品销售明细"计算得出的。

1. 输入表头

输入"商品库存"工作表字段"商品 ID"和"库存数量"。

2. 引入"商品 ID"

"商品 ID"字段可直接从"商品清单"工作表中引入。在 A2 单元格输入如下公式。

> = 商品清单！A2

将光标指向"A2"单元格右下角，当出现实心"＋"时，拖动光标至 A76 单元格实现公式的复制。

3. 计算"库存数量"

商品库存数量应为商品进货总数与商品销售总数之差。在 B2 单元格输入如下公式。

> = SUMIF(商品进货明细！B:B,A2,商品进货明细！C:C)-SUMIF(商品销售明细！B:B,A2,商品销售明细！C:C)

将光标指向"A2"单元格右下角，当出现实心"＋"时，拖动光标至 A76 单元格实现公式的复制。

"商品库存表"如图 8-18 所示。

	A	B
1	商品ID	库存数量
2	A001	79
3	A002	25
4	A003	99
5	A004	28
6	A005	87
7	A006	83
8	A007	154
9	A008	215
10	A009	305
11	A010	217
12	A011	130

图 8-18　"商品库存表"

8.2.5　库存查询与分析

计算出库存数量后，与库存有关的数据就完备了，接下来的工作就是在基本数据的基础上进行统计和分析工作。

1. 生成"商品库存详情"工作表

库存数据分别位于不同的工作表,如某一商品,其商品名称在"商品清单"工作表,库存数量在"商品库存"工作表等。为了便于对库存进行查询与分析,把与库存有关的数据汇总起来,生成"商品库存详情"工作表。库存相关操作直接在"商品库存详情"中进行即可,就不需要调用其他工作表了。

1)输入表头

输入"库存详情"工作表字段"商品 ID""商品名称""商品类别""库存数量""进价"和"金额"字段。

2)编制公式

(1)引入"商品 ID"。直接从"商品库存"工作表中引入,在"A2"单元格输入如下公式。

```
= 商品库存! A2
```

(2)引入"商品名称"。通过"商品 ID"字段在"商品清单"工作表中查找得出,在"B2"单元格输入如下公式。

```
= VLOOKUP(A2,商品清单! A:B,2,FALSE）
```

(2)引入"商品类别"。通过"商品 ID"字段在"商品清单"工作表中查找得出,在"C2"单元格输入如下公式。

```
= VLOOKUP(A2,商品清单! A:C,3,FALSE）
```

(4)引入"库存数量"。直接从"商品库存"工作表中引入,在"D2"单元格输入如下公式。

```
= 商品库存! B2
```

(5)引入"进价"。首先在"商品进货明细"工作表中查找该商品是否有过进货,如果有,通过"商品 ID"在"商品进货明细"工作表中查找得出。在"E2"单元格输入如下公式。

```
= IF(ISNA(VLOOKUP(A2,商品进货明细! B:D,3,FALSE)),0,VLOOKUP(A2,商品进货明细! B:D,
3,FALSE))
```

补充知识点:

ISNA 函数

ISNA 函数的用途为:检验一个值是否为#N/A,返回值为 TRUE 或 FALSE。
ISNA 函数的语法格式如下。

```
ISNA(value)
```

其中,各参数的含义如下。

● value:为需要进行检验的数值。

(6)计算"金额"。在"F2"单元格直接输入如下公式。

```
= D2* E2
```

3)复制公式

按住左键拖动选中 A2:F2,将光标指向"F2"单元格右下角,当出现实心"+"时,拖动光标至 F76 单元格实现公式的复制,完成后注意设置 E 和 F 两列的单元格格式为"数值","小数数值(D)"设置为"1",如图 8-19 所示,工作表最终效果如图 8-20 所示。

2. 商品库存查询

在进销存管理系统中,商品的库存查询是一项很重要的工作。库存查询可以在"商品库

图 8-19　设置数据单元格格式

	A	B	C	D	E	F
1	商品ID	商品名称	商品类别	库存数量	进价	金额
2	A001	象棋	日常用品	79	3.9	309.7
3	A002	美嘉中性	书写工具	25	2.0	49.0
4	A003	毛笔	办公文具	99	0.8	77.6
5	A004	大削笔器	日常用品	28	25.0	699.7
6	A005	打印机	办公设备	87	490.0	42630.0
7	A006	小刀	办公文具	83	3.4	284.7

图 8-20　"商品库存详情"工作表

存详情"工作表的基础上,通过高级筛选来实现。

1)建立条件区域

在"商品库存查询"工作表的 A1:F2 单元格区域建立条件区域,不同单元格中的条件是"与"的关系,联立查找商品类别为"日常用品"的条件区域,如图 8-21 所示。

	A	B	C	D	E	F
1	商品ID	商品名称	商品类别	库存数量	进价	金额
2			日常用品			

图 8-21　"商品库存查询"条件区域

2)录制宏

如果直接用高级筛选进行查找,当条件区域发生改变时,筛选结果不会自动更新。因此,可以把整个高级筛选的操作步骤录制为宏,并命名为"商品库存查询",需要自动更新时,只需要执行宏"商品库存查询"就可以了,具体操作步骤如下。

（1）单击"商品库存查询"工作表数据列表外的任一单元格单击，选择"开发工具"→"代码"→"录制宏"，在弹出的"录制宏"对话框中将"宏名（M）"设置为"商品库存查询"，如图8-22所示。单击"确定"按钮，退出对话框，同时进入宏录制过程。

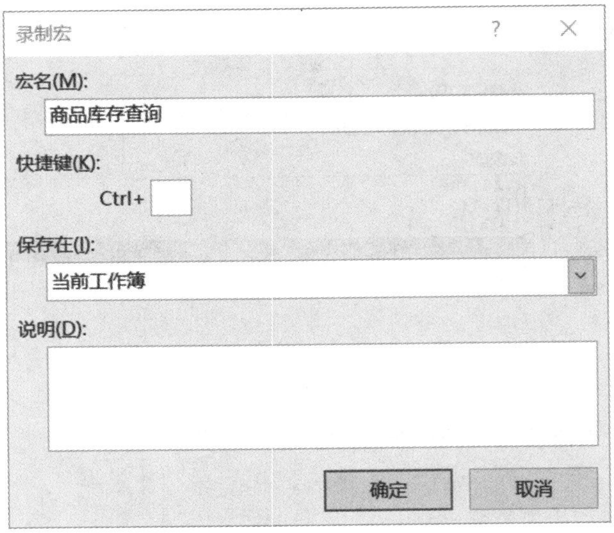

图 8-22　"录制宏"对话框设置

（2）选择"数据"→"排序与筛选"→"高级"，打开"高级筛选"对话框，进行如下设置。

● "方式"选择"将筛选结果复制到其他位置（O）"。

● "列表区域（L）"设置为"商品库存详情！＄A＄1：＄F＄76"。

● "条件区域（C）"设置为"商品库存查询！＄A＄1：＄F＄2"。

● "复制到（T）"设置为"商品库存查询！＄A＄4：＄F＄4"。

如图 8-23 所示进行设置，最后单击"确定"按钮。

> **注意**：若进行的是高级筛选，则在进行"复制到（T）"设置时，单击任意一个单元格即可，但录制宏进行"复制到（T）"设置时必须选择与"列表区域"相同列宽的区域。例如，本例中"列表区域"有六列，则"复制到（T）"也必须设置六列，否则得不到正确结果。

（3）选择"开发工具"→"代码"→"停止录制"，此时，上一步的操作过程已被记录到"商品库存查询"中。

（4）将工作簿文件保存为可以运行宏的格式文件"第8章进销存管理系统. xlsm"。

宏录制完成后，选择"开发工具"→"代码"→"宏"按钮，打开"宏"对话框，如图8-24所示。选择"宏名（M）"为"商品库存查询"并单击"执行（R）"按钮，就可对筛选结果自动更新，如图8-25所示。

图 8-23 "高级筛选"对话框设置   图 8-24 "宏"对话框设置

图 8-25 宏执行结果

补充知识点：

宏

宏是由一个或多个操作组成的集合，实际上可以看成批处理操作。

当用户需要重复进行多个操作时，只需将此多个操作步骤录制成宏，以后只要执行这个宏，计算机就会自动执行宏中所有的操作，从而达到简化使用的目的。宏还可以扩展软件的功能。

录制宏的过程就是记录键盘和鼠标操作的过程。录制宏时，宏录制器会记录完成操作所需要的一切步骤，但是记录的步骤中不包括对功能区中导航的操作。

宏实际上是由 VBA 命令组成的。可以通过录制 Excel 的操作来产生宏，也可以通过直接写 VBA 命令来产生宏。

3）通过按钮执行宏

直接执行宏的步骤比较烦琐，可以添加个按钮，通过按钮来执行宏。

（1）选择"开发工具"→"控件"→"插入"按钮，在弹出的菜单中选择"表单控件"组中的"按钮（窗体控件）"，如图 8-26 所示。光标变为十字，在工作表中拖出一个按钮，同时打开"指定宏"对话框，如图 8-27 所示，设置"宏名（M）"为"商品库存查询"，单击"确定"按钮。

图 8-26　插入"按钮（窗体控件）"　　　　　图 8-27　"指定宏"对话框

（2）右击添加的按钮，在弹出的快捷菜单中选择"编辑文字"命令，设置按钮上的文字为"筛选"，结果如图 8-28 所示。

A	B	C	D	E	F	G
商品ID	商品名称	商品类别	库存数量	进价	金额	筛选
		日常用品	>=100			

图 8-28　"筛选"按钮

（3）更改条件区域后，单击"筛选"按钮，就可以实现高级筛选结果的自动更新了，商品库存查询的结果如图 8-29 所示。

A	B	C	D	E	F	G
商品ID	商品名称	商品类别	库存数量	进价	金额	筛选
		日常用品	>=100			
商品ID	商品名称	商品类别	库存数量	进价	金额	
A008	打火机	日常用品	215	1.47	316.05	
A014	玻璃围棋	日常用品	201	16.464	3309.264	
A028	扑克	日常用品	113	2.156	243.628	
A031	5号2000毫	日常用品	109	17.64	1922.76	
A057	7号碱性电	日常用品	160	1.568	250.88	
A069	纸盒象棋	日常用品	103	9.31	958.93	
A073	计算器	日常用品	160	32.34	5174.4	

图 8-29　筛选结果

3. 商品库存警戒查询

把库存数量小于 5 的单元格突出显示，具体操作步骤如下。

（1）复制"商品库存详情"工作表中的数据到"商品库存警戒"工作表中，并切换到"商品库存警戒"工作表。

（2）选中库存数量所在的单元格区域 D2：D76，选择"开始"→"样式"→"条件格式"，在弹出的下拉菜单中选择"突出显示单元格规则（H）"→"小于（L）..."，如图 8-30 所示，在弹出的"小于"对话框中按图 8-31 所示进行设置，结果如图 8-32 所示。

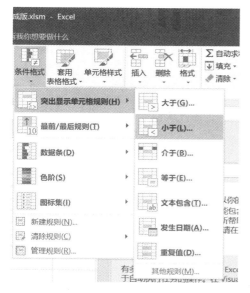

图 8-30 条件格式设置

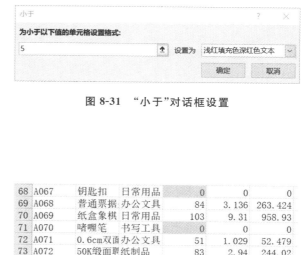

图 8-31 "小于"对话框设置

68	A067	钥匙扣	日常用品	0	0	0
69	A068	普通票据	办公文具	84	3.136	263.424
70	A069	纸盒象棋	日常用品	103	9.31	958.93
71	A070	啫喱笔	书写工具	0	0	0
72	A071	0.6cm双面胶	办公文具	51	1.029	52.479
73	A072	50K缎面聘纸制品		83	2.94	244.02

图 8-32 突出显示库存数量小于 5 的"库存警戒"工作表

4. 库存结构分析

库存结构是指商品库存总额中各类商品所占的比例，它反映库存商品结构状态和库存商品质量。企业在改善经营管理中都要定期分析商品库存结构，研究库存结构与经营结构的比例关系，从而发现问题，找出原因，采取措施，不断改善库存商品结构，提高商品库存质量。

下面详细介绍按商品类别统计库存品种数，并制作图表的过程。

1）使用分类汇总按类别统计库存品种数

（1）复制"商品库存详情"工作表中的数据到"商品库存结构"工作表中，并切换到"商品库存结构"工作表。

（2）按汇总字段"商品类别"对数据清单进行排序（分类），结果如图 8-33 所示。

	A	B	C	D	E	F
1	商品ID	商品名称	商品类别	库存数量	进价	金额
2	A005	打印机	办公设备	87	490	42630
3	A015	传真机	办公设备	54	793.8	42865.2
4	A023	电话机	办公设备	66	73.5	4851
5	A027	卡钟	办公设备	0	0	0
6	A039	一体机	办公设备	26	1058.4	27518.4

图 8-33 按"商品类别"进行升序排序

（3）单击数据清单中的任一单元格，选择"数据"→"分级显示"→"分类汇总"，打开"分类汇总"对话框。在对话框中按图 8-34 所示进行设置，单击"确定"按钮，显示三级分类汇总结果，如图 8-35 所示。

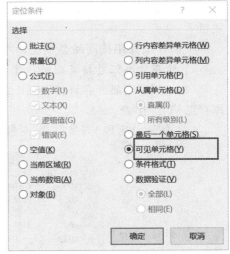

1 2 3		A	B	C	D	E	F
	1	商品ID	商品名称	商品类别	库存数量	进价	金额
	2	A005	打印机	办公设备	87	490	42630
	3	A015	传真机	办公设备	54	793.8	42865.2
	4	A023	电话机	办公设备	66	73.5	4851
	5	A027	卡钟	办公设备	0	0	0
	6	A039	一体机	办公设备	26	1058.4	27518.4
	7	A044	裁纸器	办公设备	83	235.2	19521.6
	8	A055	子母电话	办公设备	65	215.6	14014
	9		7	办公设备 计数			
	10	A003	毛笔	办公文具	99	0.784	77.616

图 8-34 "分类汇总"对话框设置   图 8-35 分类汇总结果

2）复制小计数据

分类汇总操作会改变数据源。汇总结果可以分级显示，将分级显示的数据隐藏部分明细后，直接复制会同隐藏内容一起复制。如果只想复制显示的内容，可以通过以下操作实现。

（1）单击分级显示编号 1 2 3 中的级别编号"2"，隐藏不需要复制的明细数据，如图8-36所示。

（2）选择要复制的单元格区域 A1:C81。

（3）选择"开始"→"编辑"→"查找和选择"→"定位条件"命令，打开"定位条件"对话框。在该对话框中选中"可见单元格(Y)"单选按钮，如图8-37所示，单击"确定"按钮。

1 2 3		A	B	C	D	E	F
	1	商品ID	商品名称	商品类别	库存数量	进价	金额
+	9		7	办公设备 计数			
+	35		25	办公文具 计数			
+	51		15	日常用品 计数			
+	69		17	书写工具 计数			
+	81		11	纸制品 计数			
−	82		75	总计数			

图 8-36 显示 2 级分类汇总结果   图 8-37 "定位条件"对话框设置

（4）使用 Ctrl＋C 组合键复制选中的分级数据，单击单元格"A84"，然后使用 Ctrl＋V 组合键粘贴小计数据，结果如图8-38所示。

（5）整理后的结果如图8-39所示。

116

商品ID	商品名称	商品类别	
7		办公设备	计数
25		办公文具	计数
15		日常用品	计数
17		书写工具	计数
11		纸制品	计数

84	商品类别	库存品种
85	办公设备	7
86	办公文具	25
87	日常用品	15
88	书写工具	17
89	纸制品	11

图 8-38　复制后小计数据　　　　图 8-39　整理后的小计数据

3）制作图表

选中单元格区域 A84:B89，制作库库存结构分析饼图（品种），如图 8-40 所示。

重复操作步骤（1）～（5）制作库存结构分析饼图（金额），如图 8-41 所示。

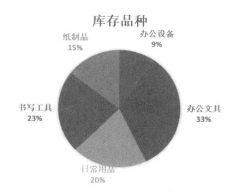

图 8-40　库存品种饼图

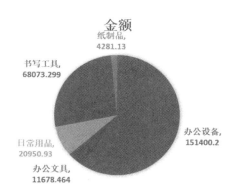

图 8-41　库存金额饼图

8.2.6　商品销售数据分析

1. 生成"商品销售详情"工作表

为了便于分析销售数据，把与销售相关的数据汇总起来，生成"商品销售详情"工作表，表中数据按"销售单号＋商品 ID"排序。数据分析直接在"商品销售详情"工作表中进行即可，不再需要调用其他工作表。

1）输入表头

输入"商品销售详情"工作表字段"销售单号""销售日期""客户名称""商品 ID""商品名称""销售数量""售价""销售金额""进价""进价金额"和"商品类别"字段。

2）编制公式

（1）引入"销售单号"。

直接从"商品销售明细"工作表中引入，在"A2"单元格输入如下公式。

　　= 商品销售明细！A2

（2）引入"销售日期"。

通过"销售单号"字段在"商品销售单"工作表中查找得出，在"B2"单元格输入如下公式。

　　= VLOOKUP(A2,商品销售单！A:B,2,FALSE)

（3）引入"客户名称"。

首先通过"商品销售单号"在"商品销售清单"工作表中找出客户 ID，再通过客户 ID 在"客户清单"工作表中找出客户名称。在"C2"单元格中输入如下公式。

　　= VLOOKUP(VLOOKUP(A2,商品销售单！A:C,3,FALSE),客户清单！A:B,2,FALSE)

（4）引入"商品 ID"。

直接从"商品销售明细"工作表中引入，在"D2"单元格输入如下公式。

= 商品销售明细！B2

（5）引入"商品名称"。

通过"商品 ID"在"商品清单"工作表中查找得出，在"E2"单元格输入如下公式。

= VLOOKUP(D2,商品清单！A:B,2,FALSE)

（6）引入"销售数量"。

直接从"商品销售明细"工作表中引入，在"F2"单元格输入如下公式。

= 商品销售明细！C2

（7）引入"售价"。

直接从"商品销售明细"工作表中引入，在"G2"单元格输入如下公式。

= 商品销售明细！D2

（8）计算"销售金额"。

在"H2"单元格输入如下公式。

= F2* G2

（9）引入"进价"。

通过"商品 ID"在"商品进货明细"工作表中查找得出，在"I2"单元格输入如下公式。

= VLOOKUP(D2,商品进货明细！B:D,3,FALSE)

（10）计算"进价金额"。

在"J2"单元格输入如下公式。

= F2* I2

（11）引入"商品类别"。

通过"商品 ID"在"商品清单"工作表中查找得出，在"K2"单元格输入如下公式。

= VLOOKUP(D2,商品清单！A:C,3,FALSE)

3）复制公式

按住左键拖动选中 A2:K2，将光标指向"K2"单元格右下角，当出现实心"＋"时，拖动光标至 K76 单元格实现公式的复制，完成后注意设置 G、H、I 和 J 四列的单元格格式为"数值"，设置"小数位数（D）"为"1"，工作表最终效果如图 8-42 所示。

	A	B	C	D	E	F	G	H	I	J	K
1	销售单号	销售日期	客户名称	商品ID	商品名称	销售数量	售价	销售金额	进价	进价金额	商品类别
2	E001	2016-08-08	零售	A001	象棋	5	4.9	24.5	3.9	19.6	日常用品
3	E001	2016-08-08	零售	A002	美嘉中性笔芯	6	2.5	14.7	2.0	11.8	书写工具
4	E002	2016-10-01	北京路第三小学	A001	象棋	10	4.9	49.0	3.9	39.2	日常用品
5	E002	2016-10-01	北京路第三小学	A003	毛笔	2	1.2	2.4	0.8	1.6	办公文具
6	E002	2016-10-01	北京路第三小学	A009	2B绘图铅笔	1	0.3	0.3	0.2	0.2	书写工具
7	E002	2016-10-01	北京路第三小学	A011	文件袋	8	1.2	9.4	0.8	6.3	办公文具
8	E002	2016-10-01	北京路第三小学	A025	圆规	8	22.5	180.3	17.4	139.6	办公文具
9	E002	2016-10-01	北京路第三小学	A026	资料册	10	4.7	47.0	2.9	29.4	办公文具
10	E002	2016-10-01	北京路第三小学	A029	修正带	3	2.9	8.8	2.4	7.1	书写工具
11	E002	2016-10-01	北京路第三小学	A035	A3/80g复印纸	5	52.9	264.6	42.3	211.7	纸制品

图 8-42 "商品销售详情"工作表

2. 商品销售单打印

根据单号打印商品销售单（假定每张商品销售单包含的销售名字最多不超过 16 条记录）。

1）绘制空白"商品销售单打印"工作表

空白"商品销售单打印"工作表如图 8-43 所示。

图 8-43　空白"商品销售单打印"工作表

2）输入要打印的销售单号

要打印的销售单号必须是已经存在的。在"数据验证"对话框中限制 F21 单元格的输入，具体参数设置为："允许（A）"选择"序列"，"来源（S）"为"商品销售单！A2：A21"，如图 8-44 所示。

设置完成后，选中 F21 单元格时，其右侧会出现一个下三角按钮，在下拉列表中提供了所有的已有销售单号，如图 8-45 所示。

图 8-44　数据验证设置　　　图 8-45　单号下拉列表

3）引入"购货单位"

首先通过"销售单号"在"商品销售单"工作表中找到对应的"客户 ID"，再通过"客户 ID"在"客户"工作表中查找到客户名称，在 B2 单元格中输入如下公式。

```
= VLOOKUP(VLOOKUP(F21,商品销售单！A2:C21,3,FALSE),客户清单！A2:B12,2,FALSE)
```

4）引入"日期"

通过"销售单号"在"商品销售单"工作表中找到对应的日期，在 F2 单元格输入如下公式。

= VLOOKUP(F21,商品销售单！A:B,2,FALSE)

5）编制"商品销售明细"公式

因"商品销售详情"工作表是按"销售单号"排序的,在该工作表中找到该单号的第 1 条记录,然后顺序显示该单的所有记录即可。

（1）在 B4:F19 单元格区域中输入如下的数组公式。

= OFFSET(商品销售详情！A1,MATCH(F21,商品销售详情！A2:A101,0),3,COUNTIF(商品销售明细！A2:A101,f21),5)

以销售单号 F21 为 E001 时为例,实际上把"商品销售详情"工作表中如图 8-46 所示的灰色背景的单元格复制到销售单的明细部分即可。

	A	B	C	D	E	F 销售数量	G 售价	H 销售金额	I 进价	J 进价金额	K 商品类别
1	销售单号	销售日期	客户名称	商品ID	商品名称	销售数量	售价	销售金额	进价	进价金额	商品类别
2	E001	2016-08-08	零售	A001	象棋	5	4.9	24.5	3.9	19.6	日常用品
3	E001	2016-08-08	零售	A002	美嘉中性笔芯	6	2.5	14.7	2.0	11.8	书写工具
4	E002	2016-10-01	北京路第三小学	A001	象棋	10	4.9	49.0	3.9	39.2	日常用品
5	E002	2016-10-01	北京路第三小学	A003	毛笔	2	1.2	2.4	0.8	1.6	办公文具

图 8-46 销售单号为"E001"的数据

式中,各参数的意义如下。

● "MATCH(F21,商品销售详情！A2:A101,0)"函数返回单号为 E001 的销售单中的第 1 条记录在"商品销售详情"工作表所有记录中的相对位置,即第 1 条记录在整个"商品数据详情"中的记录号。该销售单的第 1 条记录是"商品销售详情"工作表中的第 1 条记录(行号为 4),因而返回 1。

● "OFFSET(商品销售详情！A1,MATCH(F21,商品销售详情！A2:A101,0),3,COUNTIF(商品销售明细！A2:A101,F21),5)"函数返回的是图 8-46 中的灰色背景单元格区域 D2:H3。其中:第 1 个参数是参照区域,即基准单元格 A1;第二个参数是目标区域左上角单元格相对于参照区域左上角单元格偏移的行数,即 MATCH 函数的返回值 1;第 3 个参数为偏移的列数 3;第 4 个参数为目标区域的行数,亦即本销售单的总记录数,可通过"COUNTIF(商品销售明细！A2:A101,f21)"函数得出;第 5 个参数为目标区域的列数 5。结果如图 8-47 所示。

	A	B	C	D	E	F
1		销售单打印				
2	购货单位	零售			日期:	2016-08-08
3	序号	商品ID	商品名称	数量	单价	金额
4	1	A001	象棋	5	4.9	24.5
5	2	A002	美嘉中性笔芯	6	2.45	14.7
6	3	#N/A	#N/A	#N/A	#N/A	#N/A
7	4	#N/A	#N/A	#N/A	#N/A	#N/A
8	5	#N/A	#N/A	#N/A	#N/A	#N/A
9	6	#N/A	#N/A	#N/A	#N/A	#N/A
10	7	#N/A	#N/A	#N/A	#N/A	#N/A
11	8	#N/A	#N/A	#N/A	#N/A	#N/A
12	9	#N/A	#N/A	#N/A	#N/A	#N/A
13	10	#N/A	#N/A	#N/A	#N/A	#N/A
14	11	#N/A	#N/A	#N/A	#N/A	#N/A
15	12	#N/A	#N/A	#N/A	#N/A	#N/A
16	13	#N/A	#N/A	#N/A	#N/A	#N/A
17	14	#N/A	#N/A	#N/A	#N/A	#N/A
18	15	#N/A	#N/A	#N/A	#N/A	#N/A
19	16	#N/A	#N/A	#N/A	#N/A	#N/A
20	合计	金额大写:				
21					单号:	E001

图 8-47 商品销售打印单

为便于扩充数据,可改为以下公式。

```
= OFESET(商品销售详情! D1,MATCH(F21,商品销售详情! A:A,0)-1,0,COUNTIF(商品销售详
情! A:A,F20),5)
```

（2）在 B4:F19 单元格区域中设置条件格式,选择"开始"→"样式"→"条件格式"→"新建规则(N)…"如图 8-48 所示。在弹出的"新建格式规则"对话框中选择规则类型为"使用公式确定要设置格式的单元格",并输入如下公式。

```
= row()> 3+ countif(商品销售详情!$A:$A,$F$21),如图 8-49 所示。
```

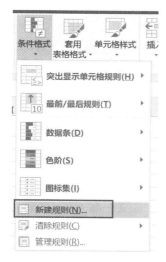

图 8-48　选择"新建规则(N)…"　　　图 8-49　"新建格式规则"对话框

单击"新建格式规则"对话框中右下角的"格式(F)…"按钮,在弹出的"设置单元格格式"对话框中将有效行以后的数据字体颜色设置为与背景色相同的白色,以屏蔽无效数据,最后结果如 8-50 所示。

	A	B	C	D	E	F
1			销售单打印			
2	购货单位		零售		日期:	2016-08-08
3	序号	商品ID	商品名称	数量	单价	金额
4	1	A001	象棋	5	4.9	24.5
5	2	A002	美嘉中性笔芯	6	2.45	14.7
6						
7						
8						
9						
10						
11						
12						
13						
14						
15						
16						
17						
18						
19						
20	合计	金额大写:				
21					单号:	E001

图 8-50　"销售打印单"最终显示格式

补充知识点：

数组公式、MATCH 函数、OFFSET 函数

1. 数组公式

数组公式是对公式和数组的一种扩充，是公式以数组为参数时的一种应用。

1）作用

对一组或多组值执行多重计算，并返回一个或多个结果。

2）特点

数组公式的参数是数组，即输入有多个值；输出结果可能是一个，也可能是多个。这一个或多个值是公式对多重输入进行复合运算而得到的新数组中的元素。

3）输入

输入数组公式时，首先必须选择用来存放结果的单元格区域（可以是一个单元格），在编辑栏输入公式，然后按 Ctrl＋Shift＋Enter 组合键锁定数组公式，Excel 将在公式两边自动加上花括号"{ }"（不要手动输入花括号）。

4）输出

由于数组公式是对数组进行运算，数组可以是一维的，也可以是二维的。一维数组可以是垂直的，也可以是水平的。经过运算后，得到的结果可能是一维的，也可能是多维的，存放在不同的单元格区域中。

5）编辑

数组包含多个单元格，这些单元格形成一个整体，所以，不能对数组里的某一单元格单独编辑。在编辑数组前，必须先选中整个数组；编辑完成后，按 Ctrl＋Shift＋Enter 组合键即可。

6）选中

选择"开始"→"编辑"→"查找和选择"→"定位条件"命令，打开"定位条件"对话框，在对话框中选中"可见单元格（Y）"单选按钮。

2. MATCH 函数

1）用法

使用 MATCH 函数在范围单元格中搜索特定的项，然后返回该项在此区域中的相对位置。如果需要找出匹配元素的位置，而不是元素本身，则应该使用 MATCH 函数。

2）语法

```
MATCH(lookup_value,lookup_array,[match_type])
```

3）参数

● lookup_value（必需）：要在 lookup_array 中匹配的值。例如，如果要在电话簿中查找某人的电话号码，则应该将姓名作为查找值，但实际上需要的是电话号码。

● lookup_value：参数可以为值（数字、文本或逻辑值）或对数字、文本或逻辑值的单元格引用。

● lookup_array（必需）：要搜索的单元格区域。

● match_type（可选）：数字－1、0 或 1。match_type 参数指定 Excel 如何将 lookup_value 与 lookup_array 中的值匹配。此参数的默认值为 1。

注意 MATCH 返回匹配值在 lookup_array 中的位置,而非其值本身。例如,MATCH("b",{"a","b","c"},0)返回 2,即"b"在数组 {"a","b","c"} 中的相对位置。

4)注意事项

匹配文本值时,MATCH 函数不区分大小写字母。

如果 MATCH 函数查找匹配项不成功,它会返回错误值 #N/A。

如果 match_type 为 0 且 lookup_value 为文本字符串,用户可在 lookup_value 参数中使用通配符:问号(?)和星号(*)。问号匹配任意单个字符;星号匹配任意一串字符。如果要查找实际的问号或星号,应在字符前键入波形符(~)。

3. OFFSET 函数

1)用途

返回对单元格或单元格区域中指定行数和列数的区域的引用。返回的引用可以是单个单元格或单元格区域。可以指定要返回的行数和列数。

2)语法

```
OFFSET(reference, rows, cols, [height], [width])
```

3)参数

● reference(必需):要以其为偏移量的底数的引用。引用必须是对单元格或相邻的单元格区域的引用;否则 OFFSET 返回错误值 #VALUE!。

● rows(必需):需要左上角单元格引用的向上或向下行数。使用 5 作为 rows 参数,可指定引用中的左上角单元格为引用下方的 5 行。rows 可为正数(这意味着在起始引用的下方)或负数(这意味着在起始引用的上方)。

● cols(必需):需要结果的左上角单元格引用的从左到右的列数。使用 5 作为 cols 参数,可指定引用中的左上角单元格为引用右方的 5 列。cols 可为正数(这意味着在起始引用的右侧)或负数(这意味着在起始引用的左侧)。

● height(可选):需要返回的引用的行高。height 必须为正数。

● width(可选):需要返回的引用的列宽。width 必须为正数。

注意 如果 rows 和 cols 的偏移使引用超出了工作表边缘,则 OFFSET 返回错误值 #REF!。

4)注意事项

如果省略 height 或 width,则假设其高度或宽度与 reference 相同。

OFFSET 实际上并不移动任何单元格或更改选定区域;它只是返回一个引用。OFFSET 可以与任何期待引用参数的函数一起使用。例如,公式"SUM(OFFSET(C2,1,2,3,1))"可计算 3 行 1 列区域(即单元格 C2 下方的 1 行和右侧的 2 列的 3 行 1 列区域)的总值。

6)计算金额合计

在"商品销售详情"工作表中统计该单号的总金额,在单元格"F20"中输入如下公式。

```
= SUMIF(商品销售详情! A:A,F21,商品销售详情! H:H)
```

7)编制"金额大写"公式

设金额为 y.jf,则:大写=IF(>0,y 元)+IF(整数,整,j+IF(j<>0,角)+IF(f=0,整,

f 分)。在单元格"C20"中输入如下公式。

> ="人民币"&IF(F20> = 1,TEXT(TRUNC(F20),"[DBNum2]")&"元","")&IF(F20= INT(F20),
> "整",TEXT(RIGHT(TRUNC(F20* 10)),"[dbnum2]")&IF(F20-INT(F20)> = 0.1,"角","")&IF
> (F20* 10= INT(F20* 10),"整",TEXT(RIGHT(TRUNC(F20* 100)),"[dbnum2]")&"分"))

式中,TEXT(RIGHT(TRUNC(F20)),"[dbnum2]")表示 y 对应的大写;TEXT(RIGHT(TRUNC(F20 * 10)),"[dbnum2]")表示 j 对应的大写;EXT(RIGHT(TRUNC(F20 * 100)),"[dbnum2]")表示 f 对应的大写。

其中,TEXT 函数也可以用 NUMBERSTRING 函数代替。

补充知识点:

金额大写规则(部分)、Text 函数、NUMBERSTRING 函数

1. 金额大写规则

● 中文大写金额数字到"元"为止的,在"元"之后应写"整"(或"正")字;到"角"为止的,在"角"之后可以不写"整"(或"正")字。大写金额数字有"分"的,"分"后面不写"整"(或"正")字。

● 中文大写金额数字前应标明"人民币"字样,大写金额数字应紧接"人民币"字样填写,不得留有空白。大写金额数字前未印"人民币"字样的,应加填"人民币"三字。

● 阿拉伯小写金额数字中有"0"时,中文大写应按照汉语语言规律、金额数字构成和防止涂改的要求进行书写。

● 票据的出票日期必须使用中文大写。在填写月、日时,月为壹、贰和壹拾的,日为壹至玖和壹拾、贰拾和叁拾。

2. TEXT 函数

1)用途

TEXT 函数可通过格式代码向数字应用格式,进而更改数字的显示方式。如果要按更可读的格式显示数字,或者将数字与文本或符号组合,它将非常有用。

2)语法

> TEXT(value,format_text)

3)参数

● value:是数值、计算结果是数字值的公式,或是对数字值单元格的引用。

● format_text:是所要选用的文本型数字格式,即"设置单元格格式"对话框中"数字"选项卡的"分类"列表框中显示的格式,它不能包含星号" * "。

注意 在"设置单元格格式"对话框的"数字"选项卡中设置单元格格式,只会改变单元格的格式,而不会影响其中的数值。使用函数 TEXT 可以将数值转换为带格式的文本,其结果将不再作为数字参与计算。

3. NUMBERSTRING 函数

1)用途

将数字转换为中文小写或大写数字,仅支持正整数。

2)语法

> NUMBERSTRING(value, type)

3）参数

● value（必需）：是要转化的数字。

● type（可选）：是返回结果的类型，有 1,2,3 这三种。

注意 该函数是一个隐藏函数，不能够在 Excel 提供的默认函数列表中找到。

8）页面设置

操作步骤 （1）选择"页面布局"→"页面设置"→"页面设置"按钮，打开"页面设置"对话框。

（2）单击"页边距"选项卡，设置上、下、左和右边距。"居中方式"设置为"水平（Z）"，如图8-51所示。

（3）单击"页眉/页脚"选项卡，设置页眉和页脚如图 8-52 所示。

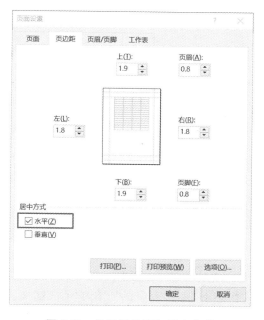

图 8-51 设置页边距和居中方式

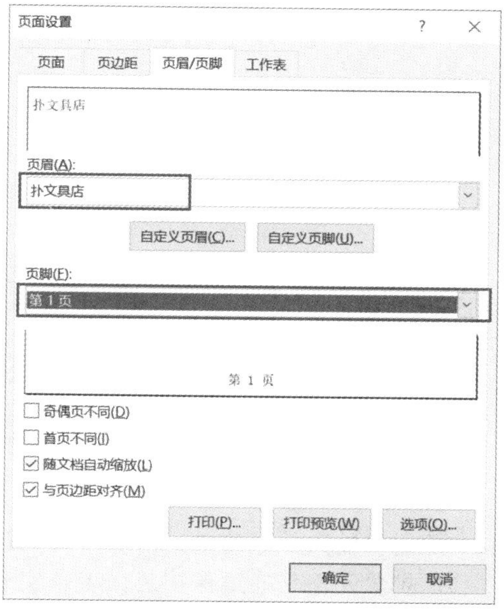

图 8-52 设置页眉、页脚

（4）选中单元格区域 A1：F21，选择"页面布局"→"页面设置"→"打印区域"→"设置打印区域（S）"命令，如图 8-53 所示。

图 8-53 设置打印区域

9）打印预览

选择“文件”→“打印”，进行文档打印预览，打印预览效果如图 8-54 所示。

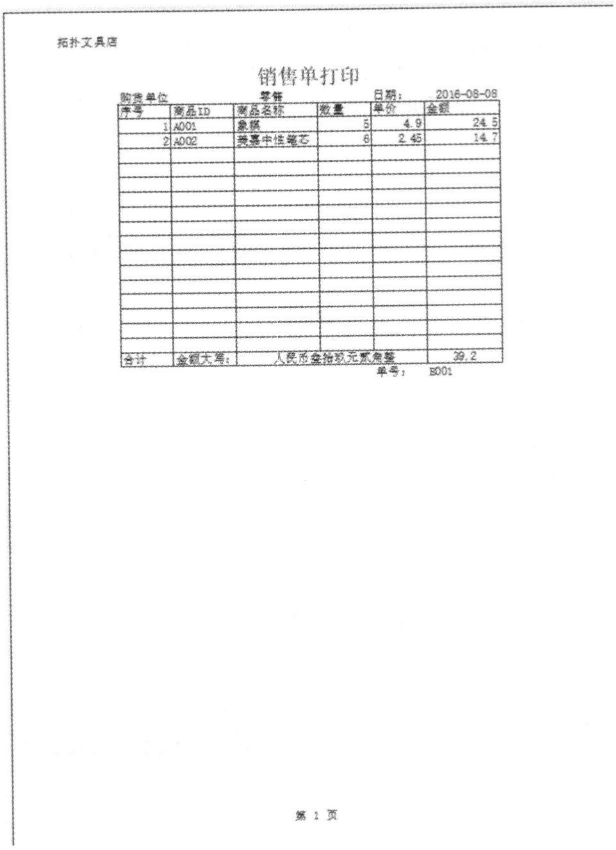
拓扑文具店

销售单打印

购货单位 零售 日期： 2016-08-08

序号	商品ID	商品名称	数量	单价	金额
1	A001	象棋	5	4.9	24.5
2	A002	美嘉中性笔芯	6	2.45	14.7
合计	金额大写：	人民币叁拾玖元贰角整			39.2

单号： B001

第 1 页

图 8-54　打印预览效果

10）保护单元格

除需要输入单号的单元格 F21 外，其他单元格都不允许被选中、修改。

保护单元格是通过保护工作表来实现的。默认状态下，工作表中的所有单元格都被锁定。在对工作表进行保护后，所有锁定的单元格都处于保护状态。如果只保护部分单元格，要首先对不需要保护的单元格取消锁定。

操作步骤　（1）单击“全选”按钮，选中所有单元格。

（2）在“设置单元格格式”对话框的“保护”选项卡中选中“锁定(L)”、“隐藏(I)”复选框，如图8-55所示。

（3）选中 F21 单元格。

（4）在“设置单元格格式”对话框的“保护”选项卡中取消选中“锁定(L)”复选框，如图 8-56所示。

（5）选择“审阅”→“保护”→“保护工作表”，打开“保护工作表”对话框并设置保护选项，如图 8-57 所示。

注意：一定要记住设置的密码，一旦忘记密码将不能进行取消保护操作。

图 8-55　锁定并隐藏所有单元格

图 8-56　对不需要保护的单元格取消锁定

图 8-57　设置保护工作表

127

3. 营业统计

下面根据日期区间统计营业额,操作在"商品销售详情"工作表的基础上进行。

1）复制数据

复制"商品销售详情"工作表中的数据到"商品营业统计"工作表中,并切换到"商品营业统计"工作表。

2）输入起止日期

分别在 N1、N2 单元格中输入起始日期、终止日期,如图 8-58 所示。

	A	B	C	D	E	F	G	H	I	J	K	L	M	N
1	销售单号	销售日期	客户名称	商品ID	商品名称	销售数量	售价	销售金额	进价	进价金额	商品类别		起始日期	2017-01-01
2	E001	2016-08-08	零售	A001	象棋	5	4.9	24.5	3.9	19.6	日常用品		终止日期	2017-12-31

图 8-58　输入起止日期

3）计算进价金额

对在日期范围内的"进价金额"求和，在"N3"单元格输入如下公式。

```
= SUMPRODUCT(N(B2:B101> = N1),N(B2:B101< = N2),J2:J101)
```

4）计算销售金额

对在日期范围内的"销售金额"求和，在"N4"单元格输入如下公式。

```
= SUMPRODUCT(N(B2:B101> = N1),N(B2:B101< = N2),H2:H101)
```

5）计算毛利

毛利＝销售金额-进价金额，在"N5"单元格输入如下公式。

```
= N4-N3
```

商品营业统计结果如图 8-59 所示。

	A	B	C	D	E	F	G	H	I	J	K	L	M	N
1	销售单号	销售日期	客户名称	商品ID	商品名称	销售数量	售价	销售金额	进价	进价金额	商品类别		起始日期	2017-01-01
2	E001	2016-08-08	零售	A001	象棋	5	4.9	24.5	3.9	19.6	日常用品		终止日期	2017-12-31
3	E001	2016-08-08	零售	A002	美嘉中性	6	2.5	14.7	2.0	11.8	书写工具		进价金额	24849.174
4	E002	2016-10-01	北京路第	A001	象棋	10	4.9	49.0	3.9	39.2	日常用品		销售金额	29308.125
5	E002	2016-10-01	北京路第	A003	毛笔	2	1.2	2.4	0.8	1.6	办公文具		毛利	4458.951
6	E002	2016-10-01	北京路第	A009	2B绘图铅	1	0.3	0.3	0.2	0.2	书写工具			

图 8-59　商品营业额统计结果

补充知识点：

SUMPRODUCT 函数、N 函数

1. SUMPRODUCT 函数

1）用途

在给定的几组数组中，将数组间对应的元素相乘，并返回乘积之和。

2）语法

```
SUMPRODUCT(array1,[array2],[array3],…)
```

3）参数

- array1（必需）：其相应元素需要进行相乘并求和的第一个数组参数。
- array2，array3，…（可选）：2 到 255 个数组参数，其相应元素需要进行相乘并求和。

注意　　数组参数必须具有相同的维数。否则，函数 SUMPRODUCT 将返回♯VALUE！错误值♯REF！。函数 SUMPRODUCT 将非数值型的数组元素作为 0 处理。

2. N 函数

1）用途

将不是数值形式的值转化为数值形式。将日期转化为序列值，将 TRUE 转化为 1，将其他值转化为 0。

2）语法

```
N(value)
```

3）参数

value（必需）：要转换的值，为 N 转换下表中列出的值。

4. 制作客户排行榜

1）按客户汇总销售金额

操作步骤　　（1）复制"商品销售详情"工作表中的数据到"客户排行"工作表中，并切换到"客户排行"工作表。

（2）首先将"客户排行"表按"客户名称"按"升序"进行排序，选择"数据"→"分级显示"→"分类汇总"，在弹出的"分类汇总"对话框中参照图 8-60 所示进行设置，求得各客户的销售总金额，如图 8-61 所示。

图 8-60　设置分类汇总

1 2 3	▲	A	B	C	D	E	F	G	H	I	J	K
	1	销售单号	销售日期	客户名称	商品ID	商品名称	销售数量	售价	销售金额	进价	进价金额	商品类别
+	17			北京路第三小学 汇总					1046.7			
+	32			电力局 汇总					8008.1			
+	49			金九龙 汇总					6125.0			
+	77			零售 汇总					6604.6			
+	91			水利局 汇总					3132.1			
+	100			四机厂 汇总					3030.4			
+	103			长江大学 汇总					1568.0			
+	109			中国邮政储蓄银行 汇总					410.6			
−	110			总计					29925.4			
	111											

图 8-61　分类汇总结果

2）制作客户排行榜

复制汇总结果，用"RANK 函数（＝RANK(C114，$C$114：$C$121)）"计算出名次，然后排序并整理，制作客户排行榜，如图 8-62 所示。

3）制作客户排名图

制作客户销售额排名图，如图 8-63 所示。

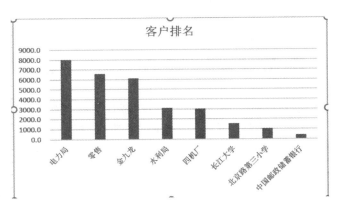

排名	客户名称	销售金额
1	电力局	8008.1
2	零售	6604.6
3	金九龙	6125.0
4	水利局	3132.1
5	四机厂	3030.4
6	长江大学	1568.0
7	北京路第三小学	1046.7
8	中国邮政储蓄银行	410.6

图 8-62　客户销售额排名　　　　图 8-63　客户排名图

5. 制作销售单金额分布图

1）汇总各销售单金额

（1）复制"商品销售详情"工作表中的数据到"金额分布"工作表中，并切换到"金额分布"工作表。

（2）按"销售单号"分类汇总，复制汇总结果并整理，得到各销售单的金额，如图 8-64 所示。

2）统计指定金额段的销售单数

用频率函数统计各金额段的销售单数，如图 8-65 所示。

在 B147:B150 单元格区域中使用如下数组函数。

```
= FREQUENCY(B125:B144,C147:C149)
```

124	销售单号	销售金额
125	E001	39.2
126	E002	578.1
127	E003	247.0
128	E004	221.7
129	E005	90.2
130	E006	12.7
131	E007	884.0
132	E008	3920.0
133	E009	405.7

	A	B	C
145			
146	金额段	销售单数	
147	≤100	6	100
148	(100, 1000]	7	1000
149	(1000, 5000]	5	5000
150	>5000	2	

图 8-64　汇总销售单金额　　　　图 8-65　统计各金额段销售单数

3）制作销售单金额分布图

根据统计结果制作图表，如图 8-66 所示。

6. 销售综合分析

在"商品销售详情"工作表的基础上制作数据透视表，可以对销售数据进行全方位的立体分析。

图 8-66　销售单金额分布图

操作步骤　　（1）切换到"商品销售详情"工作表，并单击数据清单中的任一单元格。

（2）选择"插入"→"表格"→"数据透视表"，如图 8-67 所示，打开"创建数据透视表"对话框，进行如图 8-68 所示的设置，单击"确定"按钮。

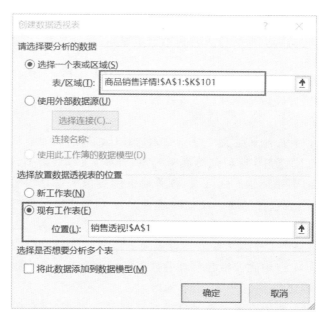

图 8-67　创建数据透视表　　　　　图 8-68　"创建数据透视表"对话框设置

（3）此时，在"销售透视"工作表中自动创建空白数据透视表，同时打开"数据透视表字段列表"任务窗格，设置报表"筛选"为"客户名称"、"行"标签为"销售日期"、"列"标签为"商品类别"、"值"为"求和项：销售金额"，如图 8-69 所示。

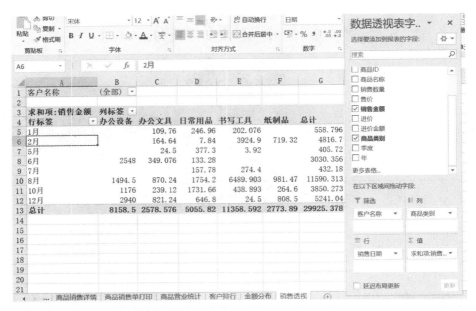

图 8-69 数据透视表及参数设置

本章小结

本章详细介绍了进行进销存管理需要进行的相关工作表的设计，以及数据的计算、分析和处理方式。本章涵盖的知识点比较广，并且具有一定的难度。

习 题 8

销售经理小李通过 Excel 制作了销售情况统计表，根据下列要求帮助小李对数据进行整理和分析。

（1）打开素材文件"Excel 素材.xlsx"选中整个表格数据区域部分，在"开始"选项卡下，"格式"设置中，自动调整表格列宽、行高，随后将第 1 行的行高，设置为第 2 行行高的 2 倍；设置除表格标题外的区域，各单元格内容水平垂直均居中，并套用表格格式"表样式中等深浅 27"、表包含标题。设置标题"鹏程公司销售情况表格"，字体为微软雅黑、字号为 16。

（2）在"页面"布局选项卡下，设置纸张大小为 A4，纸张方向为横向，在页面高级设置中，将整个工作表页面缩放设置为 1 页宽、1 页高，并在整个页面水平居中。

（3）选中除表格标题外的数据区域，利用"开始"选项卡中的"替换"工具，将所有空白单元格填充数字 0（共 21 个单元格）。

（4）利用自定义单元格格式功能，将"咨询日期"的月、日均显示为 2 位，如"2014/1/5"应显示为"2014 年 01 月 05 日"，并适当调整该列列宽。

（5）选中除表格标题外的数据区域，在"数据"选项卡中，依据日期、时间先后顺序，对工作表排序。

（6）在"咨询商品编码"与"预购类型"之间插入新列，列标题为"商品单价"，并利用 VLOOKUP 函数，将工作表"商品单价"中对应的价格，填入该列。

（7）在"成交数量"与"销售经理"之间插入新列，列标题为"成交金额"，根据"商品单价"和"成交数量"，利用公式计算并填入"成交金额"列的计算结果。

（8）选中除表格标题外的数据区域，为表格插入一个数据透视表，放置于一个名为"商品销售透视表"的新工作表中，透视表行标签为"咨询商品编码"，列标签为"预购类型"，数值为"成交金额"的求和结果。其结果如图 8-70 所示。

求和项:成交金额	列标签		
行标签	批发	团购	总计
011201	251200	221213	472413
011202	1956000	130400	2086400
011203	54000	144	54144
011204	339000	127464	466464
011205	894000	36654	930654
总计	3494200	515875	4010075

图 8-70　数据透视图结果

（9）打开"月统计表"工作表，利用 SUMIFS 多重条件求和函数，计算每位销售经理每月的成交金额，并填入对应位置。同时利用 SUM 求和函数，计算"总和"列、"总计"行。其结果如图 8-71 所示。

销售经理成交金额按月统计表（单位：元）

销售经理	一月	二月	三月	总和
张乐	388800	243863	94683	727346
李耀	416950	653154	114900	1185004
高友	506325	939400	652000	2097725
总计	1312075	1836417	861583	4010075

图 8-71　统计汇总图

（10）在"月统计表"工作表中，选中"销售经理成交金额按月统计"数据区域 A2 至 D5 单元格，插入一个二维"堆积柱形图"，并在"设计"选项卡中切换行/列，使图形横坐标为销售经理，纵坐标为金额，并在"布局"选项卡中，设置数据标签为居中，为每月添加数据标签。

移动该图形，将其放置于工作表"月统计表"的 G3:M20 区域中，并适当调整图形大小。其结果如图 8-72 所示。

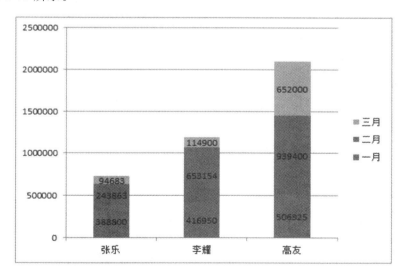

图 8-72　二维"堆积柱形图"

第9章 调查问卷

调查问卷又称调查表或询问表,是以问题的形式系统地记载调查内容的一种文件。问卷可以是表格式、卡片式或簿记式。设计问卷,是询问调查的关键。完美的问卷必须具备两个功能,即能将问题传达给被问的人和使被问者乐于回答。要实现这两个功能,问卷设计时应当遵循一定的原则和程序,运用一定的技巧。具体的设计原则如下。

(1)有明确的主题。根据主题,从实际出发提出问题,问题的目的明确,重点突出,没有可有可无的问题。

(2)结构合理、逻辑性强。问题的排列应有一定的逻辑顺序,符合应答者的思维程序。一般是先易后难、先简后繁、先具体后抽象。

(3)通俗易懂。问卷应使应答者一目了然,并愿意如实回答。问卷中语气要亲切,符合应答者的理解能力和认识能力,避免使用专业术语。对敏感性问题采取一定的技巧调查,使问卷具有合理性和可答性,避免主观性和暗示性,以免答案失真。

(4)控制问卷的长度。回答问卷的时间控制在 20 分钟左右,问卷中既不浪费一个问句,也不遗漏一个问句。

(5)便于资料的校验、整理和统计。

9.1　任务描述

小李为某企业人事部的工作人员,为了解员工对企业管理各方面的满意程度需要对企业职员进行匿名问卷调查。希望通过后续专业、科学的数据统计和分析,真实反映公司经营管理现状,为企业管理者决策提供客观的参考依据。希望培养员工对企业的认同感、归属感,不断增强员工对企业的向心力和凝聚力,树立以企业为中心的群体意识,从而在潜意识里对组织集体产生强大的向心力。

问卷的具体要求如下。

1. 设计调查问卷

调查问卷包括"员工基本信息""满意度调查"和"关注焦点"三个方面。

2. 统计调查结果

收集调查数据,并进行汇总统计。

3. 制作图表

根据统计结果,制作交互式图表。

9.2　任务实施

创建"员工满意度问卷调查.xlsm"工作簿,包含"数据源""调查问卷""数据收集""统计表"和"图表"共五张工作表。

9.2.1　设计调查问卷

1. 创建"数据源"

在"数据源"工作表中输入"调查问卷"需要链接的数据源,如图 9-1 所示。

	A	B	C	D
1	工作性质	性别	受教育程度	工龄
2	销售	男	高中	小于1年
3	专业化服务	女	大专	1-3年
4	市场营销		本科	4-6年
5	客户服务		硕士及以上	6-10年
6	行政管理			10年以上
7	其他			
8				

图 9-1 "数据源"工作表

2. 设计"员工基本信息"部分

（1）选中单元格 A1:I1，选择"开始"→"对齐方式"选项组中 合并后居中 的，然后再单元格内输入标题"企业员工满意度调查"，设置字体为"宋体"，字号为"26"。

（2）选中"调查问卷"工作表，选择"开发工具"→"控件"→"插入"按钮，在打开的"控件工具箱"中选择"表单控件"组中的"分组框（窗体控件）"，如图 9-2 所示。拖动光标在工作表 A3:I7 区域绘制一个分组框。单击分组框控件左上方的文字，将其修改为"员工基本信息"。

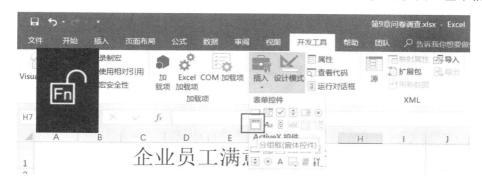

图 9-2 插入"分组框"控件

补充知识点：

控件

1. 作用

在 Excel 中可直接向工作表添加控件，控件是工作表中的一些图形对象，可用于显示或输入数据、执行操作。通过使用控件，可以使工作表上的数据输入更轻松，并提高工作表的显示的方式。

2. 分类

Excel 有两种类型的控件：表单控件（早期版本也称窗体控件）和 ActiveX 控件。除了控件这些设置，还可以从绘图工具，如自选图形、艺术字、SmartArt 图形或文本框中添加对象。当将光标指向表单控件或者 ActiveX 控件时，提示信息会显示控件的名字。表 9-1 列出了常用的表单控件。

表 9-1　常用表单控件

名称	用途
标签	用于标识单元格或文本框的用途,或显示说明性文本(如标题、题注、图片)或简要说明
分组框	用于将相关控件划分到具有可选标签的矩形中的一个可视单元中。通常情况下,选项按钮、复选框或紧密相关的内容会划分到一组
按钮	用于运行在用户单击它时执行相应操作的宏。按钮还称为下压按钮
复选框	用于启用或禁用指示一个相反且明确的选项的值。用户可以选中工作表或分组框中的多个复选框。复选框可以具有以下三种状态之一:选中(启用)、清除(禁用)或混合(即同时具有启用状态和禁用状态,如多项选择)
选项按钮	用于从一组有限的互斥选项中选择一个选项;选项按钮通常包含在分组框或结构中。选项按钮可以具有以下三种状态之一:选中(启用)、清除(禁用)或混合(即同时具有启用状态和禁用状态,如多项选择)。选项按钮还称为单选按钮
列表框	用于显示用户可从中进行选择的、含有一个或多个文本项的列表。使用列表框可显示大量在编号或内容上有所不同的选项。有以下三种类型的列表框。 ● 单选列表框只启用一个选项。在这种情况下,列表框与一组选项按钮类似,不过列表框可以更有效地处理大量项目 ● 多选列表框启用一个选项或多个相邻的选项。 ● 扩展选择列表框启用一个选项、多个相邻的选项和多个非相邻的选项
组合框	结合文本框使用列表框可以创建下拉列表框。组合框比列表框更加紧凑,但需要用户单击向下箭头才能显示项目列表。使用组合框,用户可以键入条目,也可以从列表中只选择一个项目。该控件显示文本框中的当前值(无论值是如何输入的)
滚动条	单击滚动箭头或拖动滚动框可以滚动浏览一系列值。另外,通过单击滚动框与任一滚动箭头之间的区域,可在每页值之间进行移动(预设的间隔)
数值调节钮	用于增大或减小值,如某个数字增量、时间或日期。若要增大值,请单击向上箭头;若要减小值,请单击向下箭头。通常情况下,用户还可以在关联单元格或文本框中直接键入文本值

3. 区别

表单控件可以与单元格关联,操作控件可以修改单元格的值(不用编程),所以用于工作表,而 Activex 控件虽然属性强大,可控性强,但不能与单元格关联,所以用于表单Form。

4. 选中

在对控件进行操作之前,必须先使其处于选中状态。通常只需要单击控件即可将其选中,对于如"选项按钮""复选框"之类的控件,则需要右击才能选中(因为单击将改变状态,而不是选择)。

5. 操作 ActiveX 控件

如果要编辑 ActiveX 控件,首先选择"开发工具"→"控件"→"设计模式"按钮,进入设计模式从中进行编辑;编辑完成后,再次单击"设计模式"按钮,将退出设计模式,就可以使用控件了。

(3) 在 C4 单元格中输入"工作性质:",在工作表 D4:E4 单元格区域插入一个"组合框(窗体控件)",用于接收选择工作性质。选择"开发工具"→"控件"→"属性",在弹出的"设置控件格式"对话框中,设置该控件的"数据源区域(I)"为"数据源!＄A＄2:＄A＄7",设置"单元格链接(C)"为"＄A＄50",如图 9-3 所示。选择的"工作性质"将会依据选项在组合框中的位置以数字形式(1、2、3、4、5 或 6)保存在 A50 单元格中。

图 9-3 设置"组合框"控件属性

(4) 在 F4 单元格中输入"性别:",在工作表 G4:H4 单元格区域插入一个"组合框(窗体控件)",设置该控件的"数据源区域(I)"为"数据源!＄B＄2:＄B＄3",设置"单元格链接(C)"为"＄B＄50"。

（5）在 C6 单元格中输入"受教育程度:",在工作表 D6:E6 单元格区域插入一个"组合框（窗体控件）",用来接收受教育程度。设置该控件的"数据源区域(I)"为"数据源!＄C＄2:＄C＄5",设置"单元格链接(C)"为"＄C＄50"。

（6）在 F6 单元格中输入"工龄:",在工作表 G6:H6 单元格区域插入一个"组合框（窗体控件）",用于接收选择性别。设置该控件的"数据源区域(I)"为"数据源!＄D＄2:＄D＄6",设置"单元格链接(C)"为"＄D＄50"。

3. 设计员工满意度调查部分

员工满意度调查包含十条问题,分别是:我对自己的收入与企业业绩的关联度感到、与我的能力相比我对自己的报酬感到、与去年相比我对自己目前的收入感到、我对公司的晋升制度感到、我对自己的报酬与同职位（等级）但不同岗位其他同事报酬相比感到、与我在其他单位的同学和朋友相比我对自己目前的薪酬水平感到、我对公司提供的福利待遇感到、我对公司提供的培训形式感到、我对公司的休假制度感到和我对公司的经营状况感到。满意度分为五级,分别是:非常满意、满意、基本满意、不满意和非常不满意。

操作步骤　（1）插入一个文本为"我对自己的收入与企业业绩的关联度感到"的分组框,然后选中分组框并向其中插入五个选项按钮（窗体控件）,分别设置为"非常满意""满意""基本满意""不满意"和"非常不满意"。并设置"选项按钮（窗体控件）"的"单元格链接(L)"为＄A＄51,如图 9-4 所示。此时,被选中的按钮的序号将保存在 A51 单元格中。选择的"满意度"将会以数字形式（1、2、3、4 或 5 ）保存在 A51 单元格中。

图 9-4　设置选项按钮属性

（2）参照（1）添加余下的九条满意度调查，并依次设置链接单元格为："＄B＄51""＄C＄51""＄D＄51""＄E＄51""＄F＄51""＄G＄51""＄H＄51""＄I＄51"和"＄J＄51"。

4. 设置"关注焦点"

（1）选择"开发工具"→"控件"→"插入"按钮，在打开的"控件工具箱"中选择"表单控件"组中的"分组框（窗体控件）"。拖动光标在工作表 A39:I43 区域绘制一个分组框。单击分组框控件左上方的文字，将其修改为"关注焦点"。

（2）在工作表 B41 单元格插入一个"复选框（窗体控件）"，用于接收焦点问题。选择"开发工具"→"控件"→"属性"，在弹出的"设置控件格式"对话框中，设置该控件的"单元格链接（L）"为"＄A＄52"，如图 9-5 所示。

（3）重复步骤（2），在"关注焦点"分组框内再添加六个复选框，内容分别是：晋升、培训、休假、福利、尊重和其他。对应的单元格链接分别是："＄B＄52""＄C＄52""＄D＄52""＄E＄52""＄F＄52"和"＄G＄52"。复选框若为选中状态，则其链接的单元格为 True，否则为 False。

5. 设置工作表选项

（1）右击链接单元格区域 A50:J52，在弹出的快捷菜单中选择"设置单元格格式（F）…"，在弹出的"设置单元格格式"对话框中单击"保护"选项卡，不选中"锁定（L）"复选框，如图 9-6 所示。

图 9-5 设置"复选框（窗体控件）"的单元格链接

图 9-6 取消锁定

（2）对于单元格区域 A50:J52，设置其行高为 0，从而隐藏显示。

（3）选择"文件"→"选项"命令，弹出"Excel 选项"对话框。在"高级"选项栏的"此作表的显示选项（S）"组中不选中"显示行和列标题（H）"和"显示网格线（D）"复选框，如图 9-7 所示。至此，调查问卷设计完成，其效果如图 9-8 所示。

图 9-7　设置工作表显示选项　　　　图 9-8　调查表最终显示效果

9.2.2　获取调查问卷的数据

在设计控件时,已经将"单元格链接(L)"设置到"调查问卷"工作表的 A50:J52 单元格区域,每份调查问卷完成后,都会得到如图 9-9 所示的数据。

50	1	1	2	3						
51	5	5	2	1	4	4	2	1	1	2
52	TRUE	TRUE	TRUE	TRUE	FALSE	FALSE	TRUE			

图 9-9　调查问卷获取数据

9.2.3　制作统计表

下面以调查问卷中第二大部分"满意度调查"为例,介绍数据的统计和图表的制作,这部分数据是存储在每张调查问卷的 A50:J52 单元格区域中的。

收集所有问卷的"满意度调查"后,将数据保存到"数据收集"工作表中,如图 9-10 所示。

	A	B	C	D	E	F	G	H	I
1	收入与业绩关联度	能力与报酬	晋升制度	与同事相比报酬	与朋友相比的报酬	福利待遇	培训	休假	公司经营
2	3	1	2	3	2	3	1	3	2
3	2	2	2	2	3	4	3	4	3
4	3	2	2	2	2	2	2	2	3
5	2	1	2	2	2	3	1	2	2
6	3	3	2	2	1	2	2	2	2
7	3	3	3	3	3	2	2	3	4
8	1	3	3	2	3	3	2	2	2
9	3	5	3	3	3	1	1	3	2
10	2	5	4	2	1	3	1	3	4
11	2	4	1	3	2	2	3	2	2
12	3	4	4	1	2	3	2	3	2
13	2	1	1	2	3	1	1	2	1
14	3	3	2	2	1	3	3	2	2
15	3	3	3	2	2	3	1	2	1

图 9-10　数据收集

新建"统计表"工作表,在 B2 单元格输入如下公式。

```
= COUNTIF(数据收集! A$2:A$15,ROW()-1)/COUNT((数据收集! A$2:A$15))
```

并在"设置单元格格式"对话框中设置"小数位数(D)"为"2"。

复制公式到 B2:F15 单元格区域,得到如图 9-11 所示的统计表。

	收入与业绩关联度	能力与报酬	晋升制度	与同事相比报酬	与朋友相比的报酬	福利待遇	培训	休假	公司经营
非常满意	7.14%	21.43%	14.29%	14.29%	21.43%	14.29%	35.71%	7.14%	21.43%
满意	35.71%	14.29%	35.71%	42.86%	35.71%	28.57%	21.43%	50.00%	42.86%
基本满意	57.14%	35.71%	35.71%	42.86%	42.86%	50.00%	42.86%	35.71%	21.43%
不满意	0.00%	14.29%	14.29%	0.00%	0.00%	7.14%	0.00%	7.14%	14.29%
非常不满意	0.00%	14.29%	0.00%	0.00%	0.00%	0.00%	0.00%	0.00%	0.00%

图 9-11　统计表

9.2.4　制作图表

1. 生成图表

新建"图表"工作表,为了在制作图表时更加直观,把"统计表"中的数据转置后复制到"图表"工作表中。在"图表"工作表 B1 单元格输入如下公式。

```
= INDEX(统计表! $A$ V1:$J$6,COLUMN(),ROW())
```

并在"设置单元格格式"对话框中设置"小数位数(D)为"2"。

复制公式到 A1:F10 单元格区域,得到图 9-12 所示的统计表。

	非常满意	满意	基本满意	不满意	非常不满意
收入与业绩关联度	7.14%	35.71%	57.14%	0.00%	0.00%
能力与报酬	21.43%	14.29%	35.71%	14.29%	14.29%
晋升制度	14.29%	35.71%	35.71%	14.29%	0.00%
与同事相比报酬	14.29%	42.86%	42.86%	0.00%	0.00%
与朋友相比的报酬	21.43%	35.71%	42.86%	0.00%	0.00%
福利待遇	14.29%	28.57%	50.00%	7.14%	0.00%
培训	35.71%	21.43%	42.86%	0.00%	0.00%
休假	7.14%	50.00%	35.71%	7.14%	0.00%
公司经营	21.43%	42.86%	21.43%	14.29%	0.00%

图 9-12　图表数据

补充知识点:

INDEX 函数、ROW 函数、COLUMN 函数

1. INDEX 函数

INDEX 函数用于返回表格或区域中的值或值的引用。使用 INDEX 函数有如下两种方法。

- 如果想要返回指定单元格或单元格数组的值,使用数组形式。
- 如果想要返回对指定单元格的引用,使用引用形式。

(1) 数组形式。

数组形式的用途为:返回表格或数组中的元素值,此元素由行号和列号的索引值给定;当函数 INDEX 的第一个参数为数组常量时,使用数组形式。

数组形式的语法结构如下。

```
INDEX(array, row_num, [column_num])
```

其中,各参数的意义如下。

- array(必需):单元格区域或数组常量。

如果数组只包含一行或一列,则相对应的参数 row_num 或 column_num 为可选参数。

如果数组有多行和多列，但只使用 row_num 或 column_num，函数 INDEX 返回数组中的整行或整列，且返回值也为数组。

● row_num（必需）：选择数组中的某行，函数从该行返回数值。如果省略 row_num，则必须有 column_num。

● column_num（可选）：选择数组中的某列，函数从该列返回数值。如果省略 column_num，则必须有 row_num。

使用数组形式时应注意以下几点。

● 如果同时使用参数 row_num 和 column_num，则函数 INDEX 返回 row_num 和 column_num 交叉处的单元格中的值。

● 如果将 row_num 或 column_num 设置为 0（零），则函数 INDEX 分别返回整个列或行的数组数值。若要使用以数组形式返回的值，应将 INDEX 函数以数组公式形式输入，对于行以水平单元格区域的形式输入，对于列以垂直单元格区域的形式输入。若要输入数组公式，应按 Ctrl＋Shift＋Enter 组合键。

● 在 Excel Web App 中，不能创建数组公式。

● row_num 和 column_num 必须指向数组中的一个单元格，否则，INDEX 返回错误值 ＃REF！。

（2）引用形式。

引用形式的用途为：返回指定的行与列交叉处的单元格引用。如果引用由不连续的选定区域组成，可以选择某一选定区域。

引用形式的语法结构如下。

INDEX(reference, row_num, [column_num], [area_num])

其中，各参数的意义如下。

● reference（必需）：对一个或多个单元格区域的引用。如果为引用输入一个不连续的区域，必须将其用括号括起来。如果引用中的每个区域只包含一行或一列，则相应的参数 row_num 或 column_num 分别为可选项。例如，对于单行的引用，可以使用函数 INDEX(reference,,column_num)。

● row_num（必需）：引用中某行的行号，函数从该行返回一个引用。

● column_num（可选）：引用中某列的列标，函数从该列返回一个引用。

● area_num（可选）：在引用中选择要从中返回 row_num 和 column_num 的交叉处的区域。选择或输入的第一个区域编号为 1，第二个为 2，依此类推。如果省略 area_num，则 INDEX 使用区域 1。此处列出的区域必须全部位于一张工作表。如果指定的区域不位于同一个工作表，将导致 ＃VALUE！错误。如果需要使用的范围彼此位于不同工作表，建议使用函数 INDEX 的数组形式，并使用其他函数来计算构成数组的范围。例如，可以使用 CHOOSE 函数计算将使用的范围。

作用引用形式时应注意以下几点。

● reference 和 area_num 选择了特定的区域后，row_num 和 column_num 将进一步选择特定的单元格：row_num 1 为区域的首行，column_num 1 为区域的首列，依此类推。函数 INDEX 返回的引用即为 row_num 和 column_num 的交叉区域。

● 如果将 row_num 或 column_num 设置为 0,函数 INDEX 分别返回对整列或整行的引用。

● row_num、column_num 和 area_num 必须指向 reference 中的单元格,否则,INDEX 返回错误值 #REF!。如果省略 row_num 和 column_num,函数 INDEX 返回由 area_num 所指定的引用中的区域。

● 函数 INDEX 的结果为一个引用,且在其他公式中也被解释为引用。根据公式的需要,函数 INDEX 的返回值可以作为引用或是数值。例如,公式 CELL("width",INDEX(A1:B2,1,2))等价于公式 CELL("width",B1)。CELL 函数将函数 INDEX 的返回值作为单元格引用。而在另一方面,公式 2 * INDEX(A1:B2,1,2)将函数 INDEX 的返回值解释为 B1 单元格中的数字。

2. ROW 函数

1) 用途

返回引用的行号。

2) 语法

```
ROW([reference])
```

3) 参数

reference(可选):需要得到其行号的单元格或单元格区域。

注意 ① 如果省略 reference,则假定是对函数 ROW 所在单元格的引用;② 如果 reference 为一个单元格区域,并且 ROW 作为垂直数组输入,则 ROW 将以垂直数组的形式返回 reference 的行号;③ reference 不能引用多个区域。

3. COLUMN 函数

1) 用途

返回指定单元格引用的列号。例如,公式 ＝COLUMN(D10) 返回 4,因为列 D 为第四列。

2) 语法

```
COLUMN([reference])
```

3) 参数

reference(可选):要返回其列号的单元格或单元格范围。

注意 如果省略参数 reference 或该参数为一个单元格区域,并且 COLUMN 函数是以水平数组公式的形式输入的,则 COLUMN 函数将以水平数组的形式返回参数 reference 的列号。

2. 创建图表

创建簇状柱形图,设置数据区域为 A1:F2,删除图例,设置数值轴最大值为 1,结果如图 9-13 所示。

3. 使用公式更新图表显示

选中图表的数据系列,在编辑栏中会看到以下公式。

```
= SERIES(图表!$A$ 2,图表!$B$1:$F$1,图表!$B$2:$F$2,1)
```

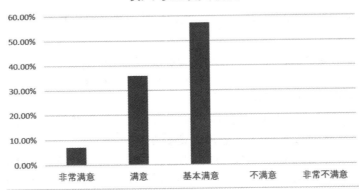

图 9-13　创建图表

调查问卷的"满意度"调查部分共有："收入与业绩关联度""能力与报酬""晋升制度""与去年相比""与同事相比报酬""与朋友相比报酬""福利待遇""培训""休假"和"公司经营"等十个项目，以上图表只能显示单个项目（收入与业绩关联度）的数据，要想使图表动态显示指定项目，需更改图表公式。其具体步骤如下。

（1）选择"公式"→"定义的名称"→"名称管理器"按钮，在弹出的"名称管理器"对话框中单击"新建(N)…"按钮，如图 9-14 所示。打开"编辑名称"对话框，定义两个名称 Title 和 Data，如图 9-15 和图 9-16 所示。

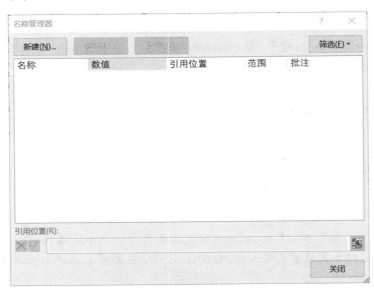

图 9-14　"名称管理器"对话框

（2）使 A2 成为活动单元格，选中图表，选择"图表工具"→"设计"→"数据"→"选择数据"按钮，打开"选择数据源"对话框，如图 9-17 所示

（3）单击"图例项（系列）(S)"选项组中的"编辑(E)"按钮，打开"编辑数据系列"对话框，修改"系列名称(N)"和"系列值(V)"，如图 9-18 所示。

图 9-15　编辑名称 Title　　　　　　图 9-16　编辑名称 Data

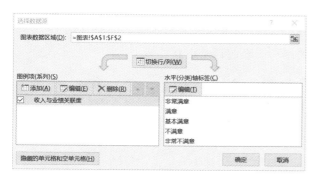

图 9-17　"选择数据源"对话框

图 9-18　编辑数据系列

选中图表的数据系列,即可在编辑栏中看到系列公式改为如下形式。

```
= SERIES(第 9 章问卷调查 2.xlsm! Title,图表! $ B$ 1:$ F$ 1,第 9 章问卷调查 2.xlsm!
Data,1)
```

当选中某个项目所在行的单元格后,按 F9 键就可以自动更新图表。

补充知识点:

名称

　　名称是一个标识符,它可以代表单元格、单元格区域、公式或常量值。名称比单元格地址更容易记忆,易于阅读和理解,并减少了出错的机会。

　　如果改变了工作表的结构,更新了某处的引用位置,则所有使用这个名称的公式都会自动更新。一旦定义之后,名称的使用范围通常是在工作簿级的,即它们可以在同一个工作簿中的任何地方使用。在工作簿的任何一个工作表中,编辑栏内的名称框都可以提供这些名称。当然,也可以定义工作表级的名称,即这些名称只能用在定义它们的工作表中。

　　例如,SERIES 函数,它的参数中不能包含工作表的函数或公式,只能通过名称引用。

4. 使用 VBA(Visual Basic For Application)实现图表自动交互

　　为了在项目中改变时选择数据列即可自动更新图表,需要加入一段 VBA 代码,具体操作步骤如下。

（1）选择"开发工具"→"代码"→"Visual Basic"按钮，打开 Visual Basic 编辑器。

（2）在左侧的"工程-VBAProject"面板中双击"Sheet3（图表）"对象，屏幕右侧出现代码面板。

（3）在代码面板左侧的下拉列表中选择 Worksheet 选项，在右侧的下拉列表中选择 Selection Change 选项，输入相应的代码。

当工作表中选择的区域发生改变时，将执行这段 VBA 宏程序。代码将首先判断活动单元格的位置，然后再执行语句更新图表。

（4）关闭 Visual Basic 编辑器，返回至 Excel 工作表。当选项改变时，图表将会自动更新。

本 章 小 结

本章以企业员工满意度调查为例，介绍了设计调查问卷需要注意的问题，以及实现的基本步骤。本章的重点内容是表单控件的使用和图表的自动更新。

习 题 9

1. 参照本章示例，自己设计一份餐饮市场的调查问卷。

第10章 员工薪资管理系统

在用 Excel 进行员工的工资核算时,虽然可以直接从工作表中查找数据,但是直接从工作表中查找数据存在着很多问题:首先数据的保密性较差,在查找指定的数据时,可能会泄露其他的数据;其次操作性较差,只能通过 Excel 中的"查找"功能或通过筛选数据进行查找,这样容易丢失工作表中的数据。实际上,在 Excel 中还可以使用控件和 VBA 程序创建查询窗体,为用户提供一个良好的查询界面。

10.1 任务描述

轰隆有限公司员工的工资相关数据已经完成输入和计算,并保存在工作簿"第 10 章 工资管理.xlsx"中,现要求通过使用控件和 VBA 编程设计一个员工薪资管理系统,其界面如图 10-1 所示。具体要求如下。

图 10-1 员工薪资管理系统界面

1. 创建工资查询窗体

窗体的设计包括两个部分:窗体界面的设计和代码的设计。

2. 常见操作界面

由于用户在打开工作簿时不会自动显示用户窗体,所以还需要为应用程序创建一个用户界面,在这个界面中通过命令按钮来调用查询程序和用户窗体。

通常创建系统包括两个部分的内容:一是添加界面元素,如命令按钮;二是为命令按钮添加事件代码,完成相应的操作。

3. 封装工作表

当程序设置完成后,需要封装工作表。封装工作表可以起到对工作簿中的数据进行保护的作用,将一些不必要的工作表隐藏起来,使整个系统看上去更像一个完整的程序。

4. 保护 VBA 项目

对于普通的用户,如果不希望他们看到 VBA 代码,可以设置密码保护的 VBA 项目。

10.2 任务实施

10.2.1 使用 VBA 创建工资查询窗体

Visual Basic for Applications(VBA)是 Visual Basic 的一种宏语言,是微软开发的用于在其桌面应用程序中执行通用的自动化(OLE)任务的编程语言。其主要用于扩展 Windows 的应用程序功能,特别是 Microsoft Office 软件,也可以认为它是一种应用程式视觉化的 Basic 脚本。微软在 1994 年发行的 Excel 5.0 版本中,即具备了 VBA 的宏功能。

由于 MS Office 软件的普及,人们常用的 Office 办公软件中的 Word、Excel、Access、PowerPoint 都可以利用 VBA 使这些软件的应用效率更高。例如,通过一段 VBA 代码,可以实现画面的切换;可以实现复杂逻辑的统计(如从多个表中,自动生成按合同号来跟踪生产量、入库量、销售量、库存量的统计清单)等。

掌握了 VBA,可以发挥以下作用。

- 规范用户的操作,控制用户的操作行为。
- 操作界面人性化,方便用户的操作。
- 多个步骤的手工操作通过执行 VBA 代码可以迅速实现。
- 实现一些 VB 无法实现的功能。
- 用 VBA 制作 Excel 登录系统。
- 利用 VBA 可以在 Excel 内轻松开发出功能强大的自动化程序。

创建工资查询窗体的具体操作步骤如下。

1) 创建 User Form1 窗体

选择"开发工具"→"代码"→"Visual Basic",如图 10-2 所示,进入"Microsoft Visual Basic for Applications"界面。在其界面中,选择"插入"→"用户窗体(U)"命令,如图 10-3 所示。

图 10-2　单击 Visual Basic 按钮

图 10-3　添加用户窗体

单击"用户窗体(U)"命令后,系统会弹出一个名为"User Form1"的窗体,用户可以将光标停留在窗体右下角处至光标变为双箭头形状,然后拉伸窗体来调整窗体的大小。

2) 设置"字体"格式

在 VBA 界面右侧"属性-UserForm1"窗口中,单击"Font"属性右侧的按钮,在弹出的"字体"对话框中设置"字体(F)"为"宋体",设置"字形(Y)"为"常规",设置"大小(S)"为"四号",最后单击"确定"按钮,如图10-4所示。统一设置窗体及后续添加在窗体上的控件的字体格式。

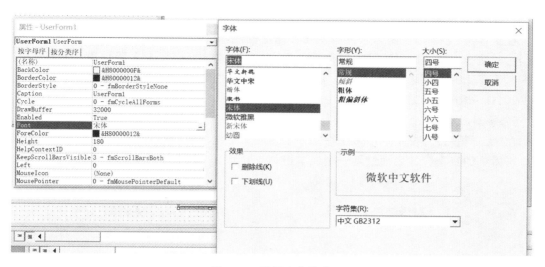

图 10-4　设置字体格式

3）绘制"标签"控件

单击窗体左侧的工具箱（见图 10-5）中的"标签"控件，拖动光标在"UserForm1"窗体区域中拖动绘制一个标签控件，如图 10-6 所示。

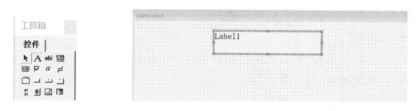

图 10-5　工具箱　　　　　　　图 10-6　绘制标签控件

4）标签属性设置

在"属性-Label1"窗口中设置"Caption"属性为"工资查询"。单击"TextAlign"属性右侧的下三角按钮，在展开的下拉列表中选择"2-fmTextAlignCenter"，如图 10-7 所示，设置最终效果如图 10-8 所示。

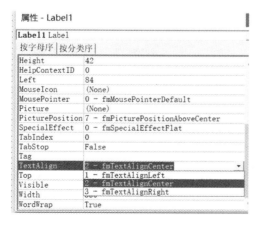

图 10-7　设置居中方式

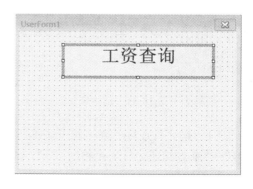

图 10-8　标签最终效果

5）添加其他标签控件

重复步骤 3）和 4）在窗体上再添加九个标签控件，分别设置其 Caption 属性为："工号："
"姓名：""基本工资：""工龄工资：""职称补贴：""奖金：""应发：""个人所得税："和"实发："。
单击"TextAlign"属性右侧的下三角按钮，在展开的下拉列表中选择"2-
fmTextAlignRight"，完成效果如图 10-9 所示。

6）绘制文本框

在"工具箱"控件框中单击带小写"ab"字母的文本框按钮，与绘制标签控件方法一样，在
用户窗体中的每个标签后面绘制一个文本框，如图 10-10 所示。

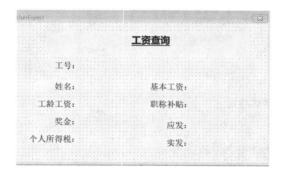

图 10-9　标签添加完成效果图

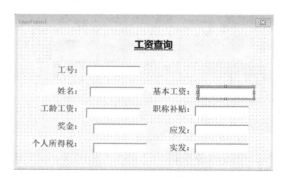

图 10-10　文本框插入效果图

7）绘制命令按钮

参照标签和文本框的绘制方式，在用户窗体中绘制两个命令按钮，并设置它们的
"Caption"属性分别为"确定"和"取消"。

8）设置控件尺寸、对齐方式和间距

按住 Ctrl 键的同时单击选中图 10-11 所示的文本框，选择"格式（O）"→"对齐（A）"→
"右对齐（R）"，如图 10-12 所示。

图 10-11　选中标签

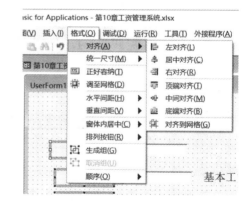

图 10-12　设置标签对齐方式

选择"格式（O）"→"统一尺寸（M）"→"两者都相同（B）"，如图 10-13 所示。选择"格式
（O）"→"垂直间距（V）"→"相同（E）"，如图 10-14 所示。

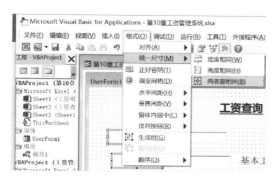

图 10-13 设置标签尺寸

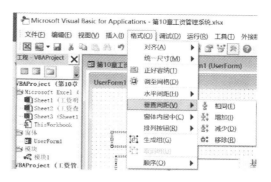

图 10-14 设置标签垂直间距

参照以上操作,设置为设置格式的标签控件和文本框控件,进行适当调整,最终效果图如图 10-15 所示。

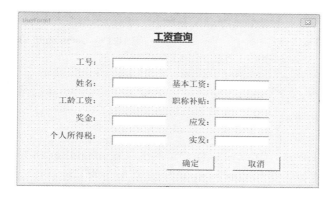

图 10-15 窗体界面最终效果图

9) 创建 UserForm_Active 过程

选择"视图(V)"→"代码窗口(C)"命令,如图 10-16 所示。在代码窗口左上角的下拉列表框中选择"UserForm",在右上角的下拉列表框中选择"Activate",创建一个"UserForm_Activate()"过程,如图 10-17 所示。系统会自动生成开头语句"Private Sub UserForm_Activate()"和结束语句"End Sub",然后在这之间输入图 10-18 所示的代码。

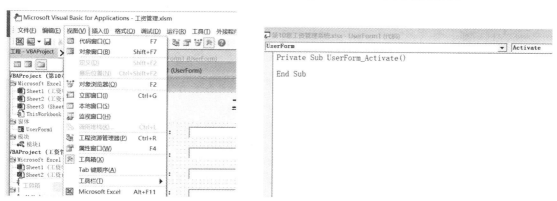

图 10-16 打开代码窗口   图 10-17 创建 UserForm_Active 过程

```
Private Sub CommandButton1_Click()
Dim i As Integer, j As Integer
Dim mygonghao As String
Sheets("工资明细").Select
j = Sheets("工资明细").Range("A1").CurrentRegion.Rows.Count
' j = 20
mygonghao = TextBox1.Text

For i = 1 To j
If Cells(i, 1) = mygonghao Then
TextBox2.Enabled = True
TextBox2.Text = Cells(i, 3)
TextBox3.Enabled = True
TextBox3.Text = Cells(i, 5)
TextBox4.Enabled = True
TextBox4.Text = Cells(i, 7)
TextBox5.Enabled = True
TextBox5.Text = Cells(i, 9)
TextBox6.Enabled = True
TextBox6.Text = Cells(i, 2)
TextBox7.Enabled = True
TextBox7.Text = Cells(i, 4)
TextBox8.Enabled = True
TextBox8.Text = Cells(i, 6)
TextBox9.Enabled = True
TextBox9.Text = Cells(i, 8)

End If
Next i

Sheets("工资查询系统").Select

End Sub
```

```
UserForm                                    A
Private Sub UserForm_Activate()
TextBox2.Enabled = False
TextBox2.Text = ""
TextBox3.Enabled = False
TextBox3.Text = ""
TextBox4.Enabled = False
TextBox4.Text = ""
TextBox5.Enabled = False
TextBox5.Text = ""
TextBox6.Enabled = False
TextBox6.Text = ""
TextBox7.Enabled = False
TextBox7.Text = ""
TextBox8.Enabled = False
TextBox8.Text = ""
TextBox9.Enabled = False
TextBox9.Text = ""
End Sub
```

图 10-18　书写代码　　　　　图 10-19　CommandButton1_Click()事件

编写 CommandButton1_Click()事件。在代码窗口左上角的下拉列表框中选择"Command_Button1",在右上角的下拉列表框中选择"Click",创建一个"CommandButton1_Click()"过程。在自动生成的开头语句和结束语句之间输入如图 10-19 所示的代码。此部分代码是实现工资查询的主要操作代码。

编写 CommandButton2_Click()事件。编写完 CommandButton1_Click()事件的代码后,在代码窗口左侧选择" CommandButton2",在右上角的下拉列表框中选择"Click",创建一个"CommandButton2_Click()"过程,并在该过程中增加语句 Unload Me,如图 10-20 所示,用于退出程序的运行。

```
Private Sub CommandButton2_Click()
Unload Me

End Sub
```

图 10-20　添加退出语句

10)运行子过程

在 VBA 窗口中选择"运行(R)"→"运行子过程/用户窗体"命令,如图 10-21 所示。选择"运行子过程/用户窗体"选项后系统弹出" UserForm1"窗体,在"工号:"右侧的文本框中输入工号"A005",然后单击"确定"按钮,如图 10-22 所示,最终运行结果如图 10-23 所示。

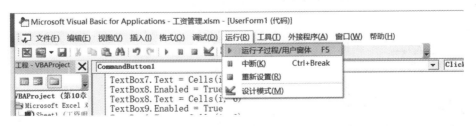

图 10-21　运行子过程

| 图 10-22 输入工号 | 图 10-23 显示查询结果 |

11）保存

另存工作簿为"第 10 章 员工薪资管理系统.xlsm"，启用宏。

10.2.2 创建操作界面

为了使用户在打开工作簿时自动显示窗体，可为应用程序创建用户界面，具体操作步骤如下。

1. 插入艺术字标题

在"第 10 章 员工薪资管理系统.xlsx"中新建工作表"工资查询系统"，选择"插入"→"文本"→"艺术字"，在弹出的菜单中选择"填充-蓝色，着色 1，轮廓-背景 1，清晰阴影-着色 1"，如图 10-24 所示。修改艺术字为"工资管理系统"，并将其拖放至合适的位置，适当调整大小。

图 10-24 插入艺术字

2. 插入按钮

选择"开发工具"→"控件"→"插入"，选择"表单控件"中的"按钮（窗体控件）"，如图 10-25 所示。

拖动光标绘制"按钮"控件，修改控件标题为"录入工资数据"，如图 10-26 所示。

重复操作，再插入两个"按钮（窗体）"控件，并分别为其指定宏"工资管理.xlsm！按钮 2_Click"和"工资管理.xlsm！按钮 3_Click"，修改控件标题分别为"查询员工工资"和"退出系统"，结果如图 10-27 所示。

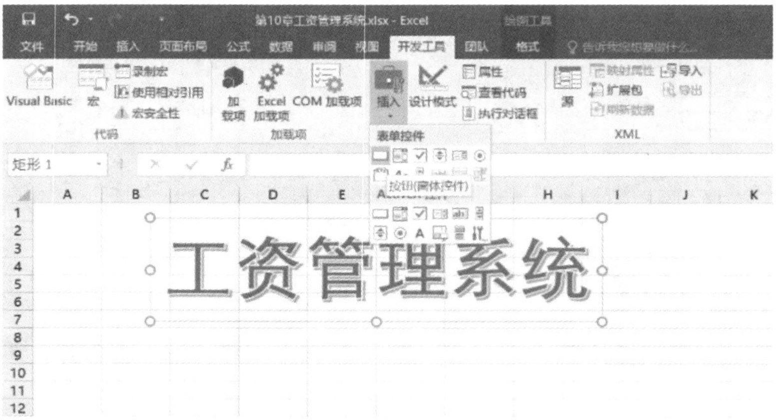

图 10-25　插入"按钮（窗体）"控件

图 10-26　修改控件标题

图 10-27　控件插入效果图

3. 插入图片

选择"插入"→"插图"→"形状"，在弹出的下拉菜单中选择"矩形"，如图 10-28 所示。在工作表中拖动光标调整矩形的大小，应盖住已有的艺术字和控件。

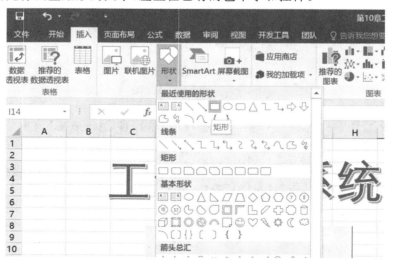

图 10-28　插入形状

选择"绘图工具"→"格式"→"形状样式"→"形状填充"→"图片(P)…",如图 10-29 所示。在弹出的"插入图片"对话框的"必应图像搜索"中输入图片主题"静谧",按回车键进行搜索,如图 10-30 所示。找到满意照片,将其插入到工作表中,单击选中工作表,选择"绘图工具"→"格式"→"排列"→"下移一层"→"置于底层(K)",如图 10-31 所示,最终完成的效果如图 10-32 所示。

图 10-29　插入图片

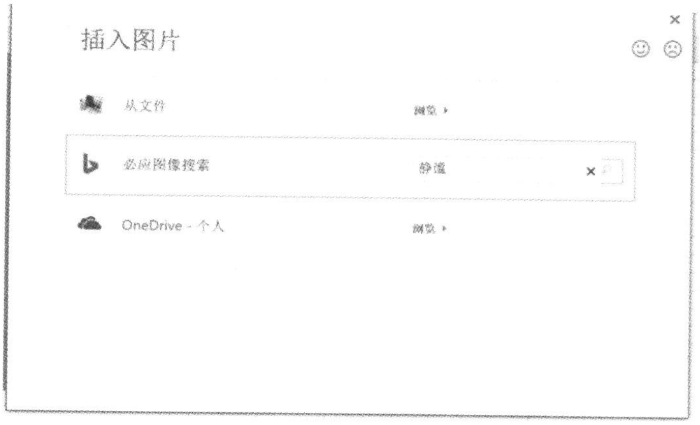

图 10-30　搜索图片

图 10-31　设置图片置于底层

图 10-32 效果图

4. 指定宏

右击"录入工资数据"按钮,在弹出的菜单中选择"指定宏",在弹出的"指定宏"对话框中单击"新建(N)"按钮,如图 10-33 所示。

此时系统会自动在 VBA 中插入一个新模板,并在该模板中创建一个按钮单击事件过程,开头语句和结束语句之间输入如下程序代码。

```
Sheets("工资明细").Visible = True
Sheets("工资明细").Activate
```

其功能是打开工作表"工资明细",如图 10-34 所示。

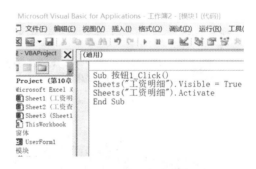

图 10-33 单击"新建(N)"按钮   图 10-34 编写程序代码

对"查询员工工资"和"退出系统"进行指定宏和代码编写操作,代码如图 10-35 所示。

10.2.3 创建口令登录模板

为系统创建一个管理员账户,用于防止他人随意进入应用程序,具体操作步骤如下。

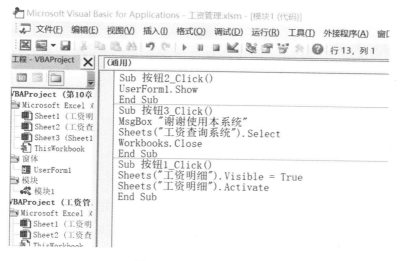

图 10-35　宏的代码编写

1. 添加模块

切换到 VBA 窗口中,选择"插入(I)"→"模块(M)"命令,如图 10-36 所示。

2. 编写代码

在添加的模块窗口中输入如图 10-37 所示的代码,为系统添加一个管理员用户。

3. 运行代码

选择"运行(R)"→"运行子过程/用户窗体"命令,如图 10-38 所示。

图 10-36　插入模块　　　　　　　图 10-37　模块代码

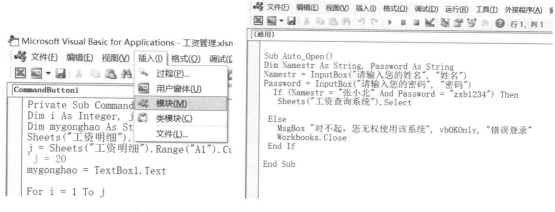

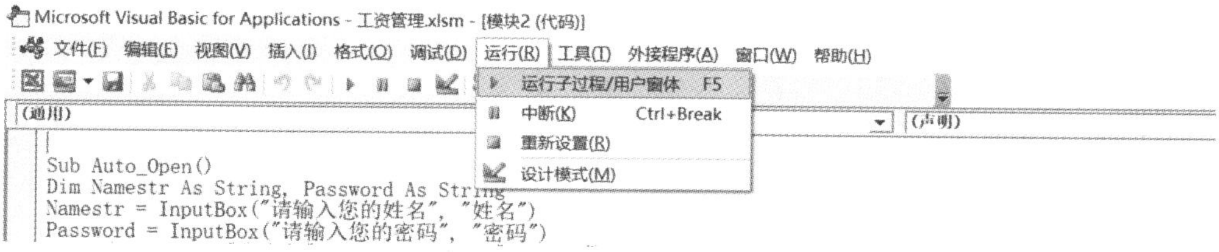

图 10-38　运行子过程

4.登录系统

运行子过程后,将弹出如图 10-39 所示的"姓名"对话框,输入姓名并单击"确定"按钮后,系统会弹出如图 10-40 所示的"密码"对话框,在其中输入密码。当输入的用户名和密码都正确后,将弹出如图 10-41 所示的"登录成功"对话框,这时单击"确定"按钮后显示系统操作界面。

图 10-39　输入姓名

图 10-40　输入密码

如果输入的用户名或密码错误,将弹出如图 10-42 所示的"登录错误"对话框。

图 10-41　登录成功

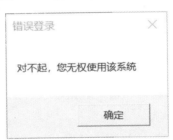

图 10-42　登录失败

本 章 小 结

本章应用了控件和 VBA 这两个 Excel 中的操作,为用户创建了界面,使数据的管理更加安全和高效。

习　题　10

1.运用控件和 VBA 将"第 8 章　进销存管理系统"设计成本章的样式。

第⑪章 高新技术企业的员工培训课件制作

企业的员工培训有很多优点：① 培训是企业的一种有效投资；② 培训可以提高工作效率；③ 培训可以规范工作流程等。当然培训的重要性并不仅仅在于以上几点，一切从实际需求出发的培训，对企业是有利的。给员工进行合适的培训既是人力资源从业者的责任也是其面临的挑战。做好培训 PPT 是每一位培训者必须掌握的技能。

本章以 PowerPoint 为例，介绍利用已有 Word 文件制作 PowerPoint 的方法。同时，介绍利用主题、母版、切换到此幻灯片、SmartArt 图形、动画和超链接等功能美化演示文稿内容的技巧。

本章的重点是进行幻灯片设计技巧的介绍，对幻灯片的内容选择原则、方法和技巧等则不单独介绍。

11.1 任务描述

培训部会计师魏女士正在准备有关高新技术企业科技政策的培训课件，相关资料存放在文档"高新技术企业培训.rtf"中。按下列要求帮助魏女士完成 PPT 课件的整合制作。

1. 新建 PowerPoint 文件

利用 PowerPoint 的新建功能打开已存在的 RTF 文件，创建一个新的包含 38 页幻灯片的 PowerPoint 文件"高新技术企业培训课件"，此时创建的 PowerPoint 是简单、静态的，与 Word 文件几乎没有太大的区别，通过后续的操作让 PowerPoint 的内容丰富并美观起来是这一章的主要任务。

注意：RTF 格式是许多软件都能够识别的文件格式。例如，Word、WPS Office、Excel 等都可以打开 RTF 格式的文件，这说明这种格式是较为通用的。RTF 是 Rich Text Format 的缩写，意为多文本格式。这是一种类似 DOC 格式（Word 文档）的文件，有很好的兼容性，使用 Windows"附件"中的"写字板"就能打开并进行编辑。使用"写字板"打开一个 RTF 格式文件时，将看到文件的内容；如果要查看 RTF 格式文件的源代码，只需要使用"记事本"将它打开就行了。

2. 美化文档

通过应用母版、主题和版式等让演示内容美观漂亮。在母版中添加公司标志，统一幻灯片的外观。

3. 为第"1"，"2"，"3"，"6"张幻灯片进行特殊格式的设置

特殊格式的设置主要包括：为幻灯片设置适合的版式；利用图片丰富幻灯片的内容；通过使用 SmartArt 图形将平淡的文字阐述转化为更能吸引听者注意力的表格；在幻灯片中添加超链接，为对象设置动画效果，使其产生动态感。

4. 增强幻灯片的放映效果

将演示文稿按下列要求分为 6 节，并在"设计"和"切换"选项卡中，分别为每节应用不同的设计主题和幻灯片切换方式。图 11-1 所示为本任务完成后的参考效果。

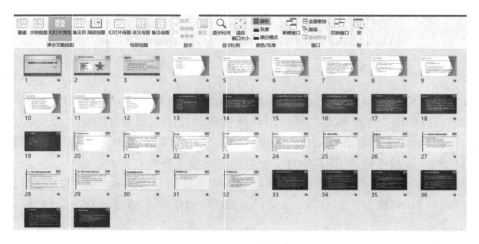

图 11-1　幻灯片效果图

11.2　任务实施

1. 新建 PowerPoint 文件

PowerPoint 是制作幻灯片的专业软件,提供了快速将 RTF 文件快速导入 PowerPoint 的功能,从而可以将更多的时间花在幻灯片的格式设置、动画效果设置和放映设置上。导入的具体操作步骤如下。

(1) 启动 PowerPoint 2016,系统默认建立一个演示文稿,名称为"演示文稿 1",并包含一张版式为"标题幻灯片"的幻灯片。

(2) 选择"文件"→"打开",找到文件的存储路径,在弹出的"打开"对话框中,设置文件类型为"所有文件(*.*)",单击"高新技术企业培训.rtf",最后单击"打开(O)"按钮,就可将 RTF 文件导入到 PowerPoint 里,生成一个包含 38 页幻灯片的演示文稿,如图 11-2 所示。将文稿保存为"高新技术企业培训课件.pptx",如图 11-3 所示。

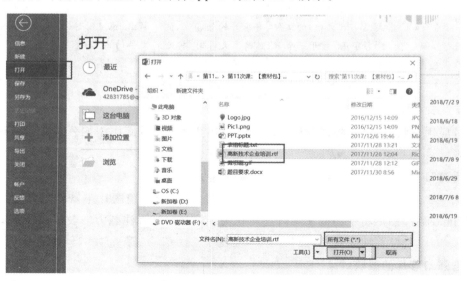

图 11-2　导入 RTF 文件步骤

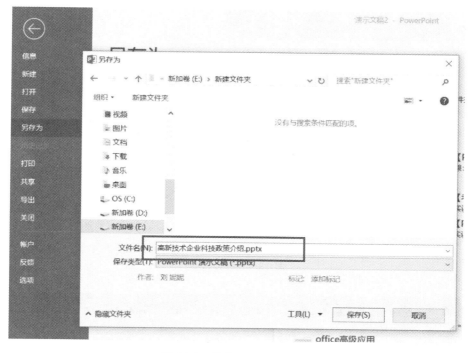

图 11-3　保存 PowerPoint 文

2. 在幻灯片母版中创建版式、添加公司标志

补充知识点：

母版

母版（Slide Master）中包含可出现在每一张幻灯片上的显示元素，如文本占位符、图片、动作按钮等。幻灯片母版上的对象将出现在每张幻灯片的相同位置上。使用母版可以很方便的统一幻灯片的风格。母版上的内容只有在编辑母版时才能修改，一般编辑状态对母版是无法修改的。如果母版上有一个动画，那么这个动画会在每张 PPT 中出现。同时，母版还决定着 PPT 标题和文字的样式。在一个 PPT 中，用户完全可以使用多个母版（选择"工具"→"选项"→"编辑"→"禁用新功能"→"多个母版"）命令，但在一个 PPT 中最好只使用一个，因为统一性也是衡量一个 PPT 好坏的标准之一。

（1）选择"视图"→"母版视图"→"幻灯片母版"，进入幻灯片母版视图。此时选择"幻灯片母版"→"编辑母版"→"插入版式"，在幻灯片母版中插入自定义版式。选择"幻灯片母版"→"编辑母版"→"重命名"按钮，将自定义版式重命名为"现代科技"，如图 11-4 所示。

（2）编辑"现代科技"版式。选择"插入"→"插图"→"形状"按钮→"直线"选项，并在版式中标题和内容分割处绘制直线。设置直线的"形状轮廓"颜色为标准色"红色"，并设置其粗细为 4.5 磅，完成效果如图 11-5 所示。

（3）添加公司标志图片。在幻灯片母版视图的左侧窗格中选择"现代科技"幻灯片母版。选择"插入"→"图像"→"图片"，插入素材图片"Logo.jpg"，将图片移动到幻灯片母版的右上角，并调整大小，如图 11-6 所示。

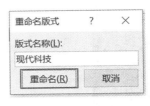

图 11-4　命名母版

图 11-5　设置分割线

图 11-6　插入公司 Logo

（4）编辑公司标志图片。选择"图片工具"→"格式"→"调整"→"颜色"按钮→"设置透明色"选项，如图 11-7 所示。将光标移到公司标志图片的白色上后单击，将图片中的白色部分设置为透明。再选择"颜色"按钮→"其他变体(M)"→"标准色"→"蓝色"选项。选择"图片工具"→"格式"→"图片样式"→"图片效果"按钮,在弹出的下拉列表中选择"映像"→"映像变体"→"全映像,4pt 偏移量"选项。并设置其位于最底层,以免遮挡标题文字,随后关闭母版视图。

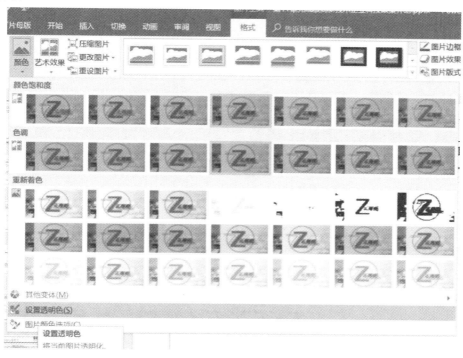

图 11-7　设置透明色

> **注意:**在"颜色"下拉列表中还提供了"颜色饱和度""色调""重新着色"和"图片颜色选项(C)"等内容,可以利用它们更改图片的颜色效果。

3. 增加分节并设置幻灯片主题

将幻灯片按表 11-1 的要求分为 6 节,并为这 6 节幻灯片依次设计主题:画廊、平面、离子、丝状、裁剪和花纹。

表 11-1　幻灯片分节和主题要求

节名	包含的幻灯片	设计主题
高新科技政策简介	1～3	画廊
高新技术企业认定	4～12	平面
技术先进型服务企业认定	13～19	离子
研发经费加计扣除	20～24	丝状
技术合同登记	25～32	裁剪
其他政策	33～38	花纹

一般情况下,在设计幻灯片时为了保证幻灯片的主题统一,演示文稿所有幻灯片只对应一个主题,但由于在本章示例中我们将幻灯片分成了 6 小节,为了突出分节,将 6 小节分别设置不一样的主题。

(1) 将幻灯片按要求分节。

将幻灯片"视图"模式设置为"普通",将光标定位到第 1 张幻灯片上方并右击,在弹出的菜单中选择"新增节(A)",如图 11-8 所示,并设置新增节的名称为"高新技术政策简介",单击"重命名(R)"按钮,如图 11-9 所示。采用同样的方式将光标分别定位到第 4、13、20、25 和 33 张幻灯片上方并右击,新增节"高新技术企业认定""技术先进型服务企业认定""研发经费加计扣除""技术合同登记"和"其他政策"。最终完成效果如图11-10所示。

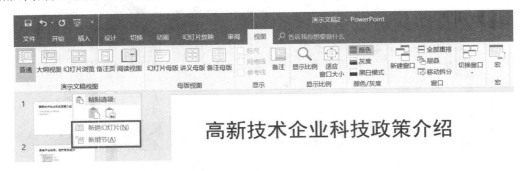

图 11-8　新增节

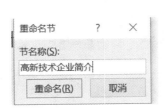

图 11-9　重命名新增节

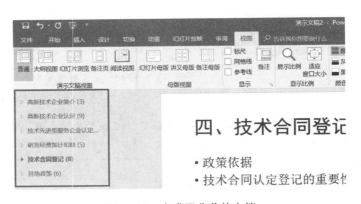

图 11-10　完成了分节的文档

(2) 应用主题。

补充知识点:

主题

　　幻灯片主题是一个专门的页面格式,用于提供样式文稿的格式、配色方案、母版样式及产生特效的字体样式等,应用主题可快速生成风格统一的演示文稿。主题对整个演示文稿的外观起重要作用。

将光标定位在第 1 节节标题上,选择"设计"→"主题"→"其他",如图 11-11 示,在弹出的主题库中右击内置的"画廊"选项,在弹出的菜单中选择"应用于相应幻灯片(M)",如图 11-12 示,完成对第 1 节的主题设置。

将光标分别定位到第 2、3、4、5、6 节节标题上,采用相同的方式设置该节的主题。

图 11-11 单击"其他"按钮

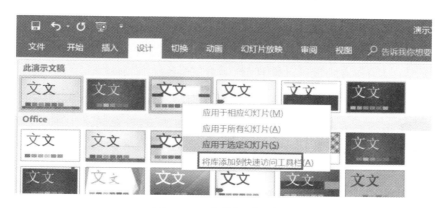

图 11-12 应用"画廊"主题

注意:主题插入完成后,进行浏览检查时会发现第 1~3 张幻灯片由于采用的是"画廊"主题,幻灯片上有两条分割线,这时需要选择"视图"→"母版视图"→"幻灯片母版"按钮,进入幻灯片母版视图,选中多余的分割线,按 Delete 键将其删除。

4. 第 1 张幻灯片的特殊设置

(1) 选中第 1 张幻灯片,在"开始"选项卡下,设置其版式为"标题幻灯片"。

选中第 1 张幻灯片,选择"开始"→"幻灯片"→"版式"→"画廊"→"标题幻灯片",如图 11-13 所示。设置完成效果如图 11-14(a)所示,调整标题和副标题格式,将标题内容一行居中显示,副标题内容在文本框内居右对齐,调整效果如图 11-14(b)所示。

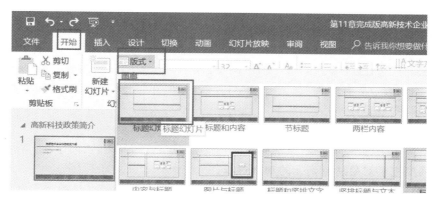

图 11-13 设置标题幻灯片

(2) 为幻灯片插入动态图片。

选择"插入"→"图片",在弹出的"插入图片"对话框中选择"剪贴画.gif",单击"插入(S)"

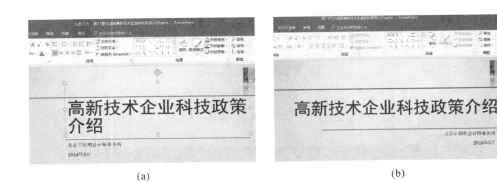

(a)   (b)

图 11-14　设计效果图

按钮,如图 11-15 所示。图片插入到第 1 张幻灯片中,调整图片位置至幻灯片右下角。

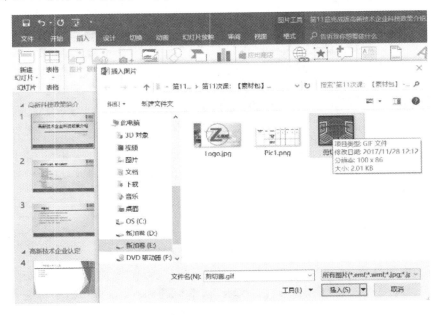

图 11-15　插入图片

（3）为标题、副标题和图片设置动画效果。

PowerPoint 2016 中将动画分为"动画"和"高级动画"两类,动画是指在演示一张幻灯片时,随着演示的进展,逐步显示幻灯片的不同层次、不同对象的动画内容。PowerPoint 2016 中可以设置的动画效果有进入、强调、退出与动作路径,还可以插入动作按钮来控制幻灯片放映的特殊顺序。

- 进入:决定了对象从无到出现的动画过程。
- 强调:适用于已有的对象,以动画效果再次显示,起到突出和强调作用。
- 退出:决定了对象从有到无的动画过程。
- 动作路径:决定了一个对象的运动轨迹。

为标题设置"飞入"的进入效果,具体操作步骤如下。

单击标题,选择"动画"→"动画"→"飞入",设置效果选项为"自顶部（T）",选择"计时"→"开始"→"单击时",如图 11-16 所示。

单击副标题,选择"动画"→"动画"→"浮入",选择"效果选项"→"序列"→"作为一个对

图 11-16 "飞入"动画效果设置

象(N)",选择"计时"→"开始"→"单击时",如图 11-17 所示。

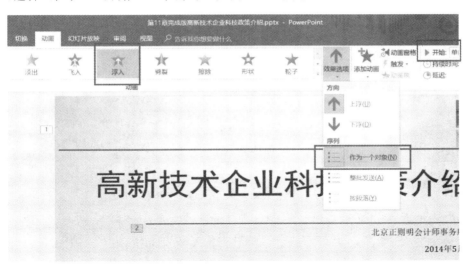

图 11-17 "浮入"动画效果设置

单击右下角图片,选择"动画"→"动画"→"轮子"→"1 轮辐图案(1)",选择"计时"→"开始"→"单击时",如图 11-18 所示。

选择"动画"→"高级动画"→"动画窗格",在弹出的"动画窗格"对话框中选中"3 图片4",单击两次向上的箭头,如图 11-19 所示。选中"2 文本占位符 2:北京正则明会计师事务所 2014 年 5 月"单击一次向上的箭头,调整整动画出现顺序为:图片、副标题、标题。

5. 第 2 张幻灯片的特殊设置

1) 设置第 2 张幻灯片的版式为两栏内容

选中第 2 张幻灯片,选择"开始"→"幻灯片"→"版式"→"画廊"→"两栏内容",如图 11-20所示。选中"科技服务业促进"以下的文字内容,"剪切"然后"粘贴"至右侧的文本框中,设置完成效果如图 11-21 所示。

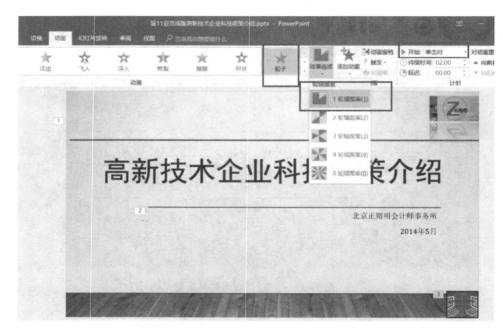

图 11-18　"轮子"动画效果设置

图 11-19　调整动画出现顺序

图 11-20　设置版式"两栏内容"

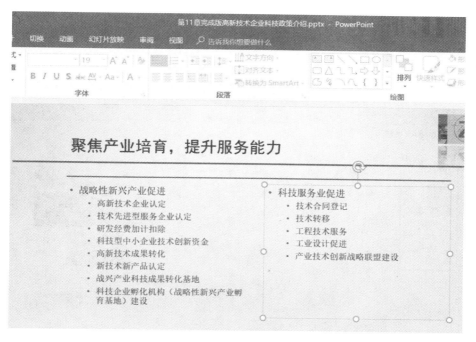

图 11-21　将内容分栏

补充知识点：

SmartArt

通过如图 11-21 所示的设置，该幻灯片显示效果优于之前的效果，但是效果提升不明显。为了更好地吸引观看者的注意力，增加幻灯片的观赏性，可对两栏内容分别设置 SmartArt 图形。

SmartArt 图形是信息和观点的视觉表示形式，通过创建 SmartArt 图形，可以快速、轻松、有效地传达信息。

选择"插入"→"插图"→"SmartArt"，弹出"选择 SmartArt 图形"对话框，如图 11-22 所示。SmartArt 提供了一系列预先设定好的成组图形，用于展现"列表""流程""循环""层次结构""关系""矩阵""棱锥图"和"图片"共八种不同的逻辑关系，如图 11-22 所示。其中："列表"通常表示并列关系，如一系列步骤；"流程"通常强调方向或顺序步骤；"循环"用于表示事件或任务的连续序列；"层次结构"表示组织结构或层次关系；"关系"可用于表示信息之间的关联概念，如转换、对立、重叠等；"矩阵"强调部分与总体关系，强调坐标轴与象限；"棱锥图"用于显示比例关系、互连关系或分层关系；"图片"可以用于附加一系列图片。

2）为文本框内容设置 SmartArt

选中左侧文本框，选择"开始"→"段落"→"转换为 SmartArt"→"其他 SmartArt 图形（M）…"，如图 11-23 所示。在弹出的"选择 SmartArt 图形"对话框中选择"列表"选项卡，在其中选中"垂直框列表"，单击"确定"按钮，如图 11-24 所示。选择"设计"→"SmartArt 样式"→"更改颜色"→"彩色"→"个性色"，修改配色方案。选择"设计"→"SmartArt 样式"→"其他"→"三维"→"平面图形"，设计过程及效果如图 11-25 所示。

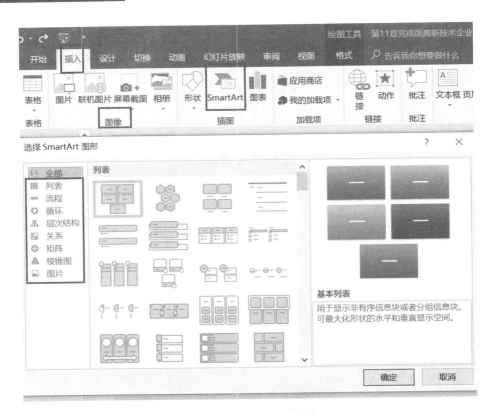

图 11-22　SmartArt 图形

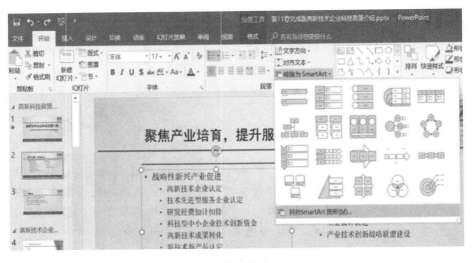

图 11-23　文本转化为 SmartArt

　　选中右侧文本框,选择"开始"→"段落"→"转换为 SmartArt"→"其他 SmartArt 图形(M)…",在弹出的对话框中选中"关系"选项卡,在其中选中"射线维恩图",单击"确定"按钮。选择"设计"→"SmartArt 样式"→"更改颜色"→"个性色 1"→"渐变循环 个性色",修改配色方案。选择"设计"→"SmartArt 样式"→"其他"→"三维"→"优雅",设计过程及效果如图 11-25 所示。

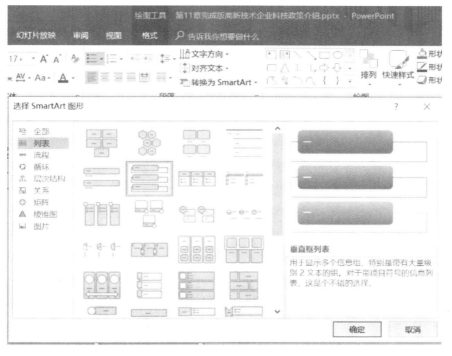

图 11-24　选择"垂直框列表"SmartArt 图形

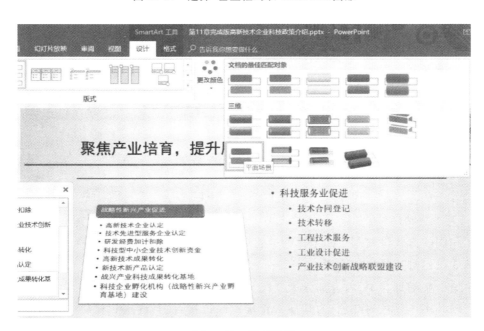

图 11-25　样式设置

注意：有些用户在进行 SmartArt 设置时习惯性的通过选择"插入"→"插图"→"SmartArt"，打开"选择 SmartArt 图形"对话框，进行一系列设置，这种方式适用于还没有进行文字输入的 SmartArt 设置。对于文字输入已经完成的转换，正确的操作方式是选择"开始"→"段落"→"转换为 SmartArt"来进行后续的一系列操作。

超链接

在 PowerPoint 中,超链接是从一张幻灯片到同一演示文稿中的另一张幻灯片的连接(如到自定义放映的超链接),或是从一张幻灯片到不同演示文稿中的另一张幻灯片、电子邮件地址、网页或文件的连接。

3)设置超链接

分别将文本框中"高新技术企业认定""技术先进型服务企业认定""研发经费加计扣除""科技型中小企业技术创新资金"和"高新技术成果转化"插入超链接至本文档中相同标题的幻灯片。

选中"高新技术企业认定",选择"插入"→"链接"→"链接",弹出"插入链接对话框",在"链接到:"选项栏中选择"本文档中的位置(A)",选定对应标题"4.一、高新技术企业认定",最后单击"确定"按钮,超链接设置完成,如图 11-26 所示。

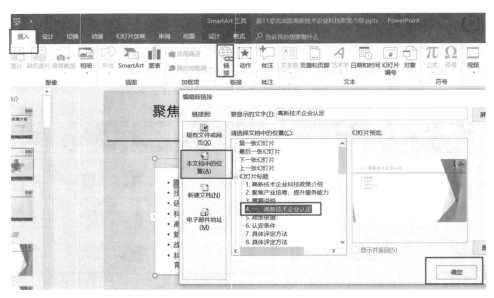

图 11-26　设置超链接

采用相同的方式设置剩余四个标题的超链接。完成结果如图 11-27 所示。

6. 第 3 张幻灯片的特殊设置

选中第 3 张幻灯片中,内容部分第 2 段文本,在段落中进行以下设置:提高列表级别(1次),并更改其字体颜色为红色;为其插入正确的超链接,使其链接到相应的网站;在"设计"选项卡下,新建主题颜色,要求超链接颜色为红色,访问后变为蓝色。

具体操作步骤如下。

1)提升列表级别

选中内容部分第 2 段文本"北京市科委:http://www.bjkw.gov.cn",选择"开始"→"段落",单击"提高列表级别"按钮 1 次,提高列表级别的文本如图 11-28 所示。设置完成后选择"开始"→"字体",修改字体颜色为"红色"。

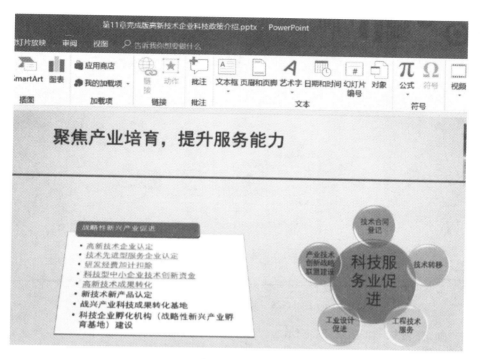

图 11-27 标题超链接设置完成

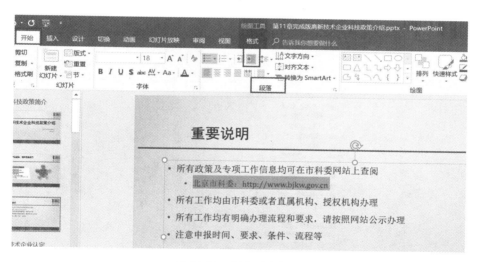

图 11-28 提高列表级别

2）设置超链接至网页

选中内容部分第 2 段文本"北京市科委：http：//www. bjkw. gov. cn"，选择"插入"→"链接"→"链接"，弹出"插入超链接"对话框，在"链接到："选项栏中选择"现有文件或网页（X）"，在"地址（E）"处输入网址"http：//www. bjkw. gov. cn"，最后单击"确定"按钮完成超链接的设置，如图 11-29 所示。

3）超链接颜色设置

选择"设计"→"变体"→"颜色"→"自定义颜色（C）…"，如图 11-30 所示，在弹出的"新建主题颜色"对话框中，设置"超链接（H）"颜色为"红色"，设置"已访问的超链接（F）"为蓝色，

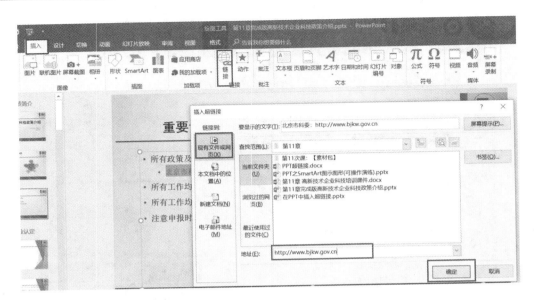

图 11-29　设置超链接至网页

最后单击"确定"按钮，如图 11-31 所示。

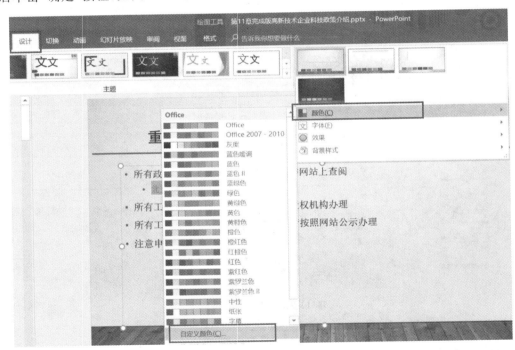

图 11-30　选择"自定义颜色（C）…"

7. 第 6 张幻灯片的特殊设置

将第 6 张幻灯片的版式，设为"标题和内容"。参照"高新技术企业培训.rtf"文档第 6 页中的表格样例，如表 11-2 所示，在本张幻灯片中，插入一个 7 行 2 列的表格，设置该表格的字号为"16"，设置表格样式为"浅色样式 3-强调 4"。具体操作步骤如下。

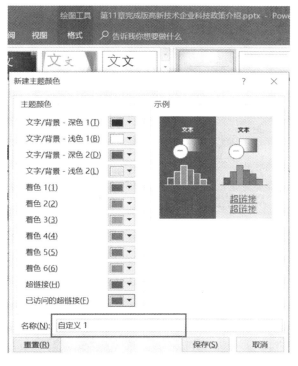

图 11-31　设置"新建主题颜色"对话框

表 11-2　参考表格格式

项目	规定条件
自主知识产权	在中国境内(不含港、澳、台地区)注册的企业,近三年内通过自主研发、受让、受赠、并购等方式,或通过 5 年以上的独占许可方式,对其主要产品(服务)的核心技术拥有自主知识产权
产品(服务)	产品(服务)属于《国家重点支持的高新技术领域》规定的范围
人员	具有大学专科以上学历的科技人员占企业当年职工总数的 30% 以上,其中研发人员占企业当年职工总数的 10% 以上
研究开发费用总额占销售收入总额的比例	近三个会计年度的研究开发费用总额占销售收入总额的比例符合如下要求: ① 最近一年销售收入小于 5,000 万元的企业,比例不低于 65%; ② 最近一年销售收入在 5,000 万元至 20,000 万元的企业,比例不低于 4%; ③ 最近一年销售收入在 20,000 万元以上的企业,比例不低于 3%
高新技术产品(服务)收入	高新技术产品(服务)收入占企业当年总收入的 60% 以上
其他	企业研究开发组织管理水平、科技成果转化能力、自主知识产权数量、销售与总资产成长性等指标符合《高新技术企业认定管理工作指引》的要求

1) 插入表格

将光标定位到第 6 张幻灯片,选择"插入"→"表格"→"插入表格(I)…",如图11-32所示,在弹出的"插入表格"对话框中设置"列数(C)"为"2",设置"行数(R)"为 7,如图 11-33 所示。

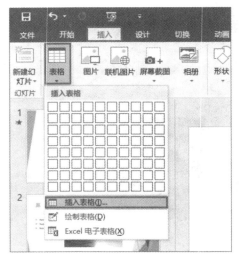

图 11-32　插入表格　　　　　　11-33　设置"插入表格"对话框

2）在表格内输入文字

参照素材表格样式，通过"复制"、"粘贴"将该页幻灯片文本框中的文字写入表格，写入完成后，可适当增删表格内容，随后删除文本框选中表格。选择"开始"→"字体"，设置字体为 16 号宋体，即 宋体 ▾ 16 ▾ 。

3）设置表格格式

选择"表格工具"→"设计"→"其他"→"浅色样式 3-强调 4"，如图 11-34 所示。

图 11-34　设置表格样式

适当调整表格列宽及表格大小。在"表格工具/布局"选项卡下，将表格内文本设置为：水平左对齐，垂直居中对齐，如图 11-35 所示。选中表格，选择"布局"→"排列"→"对齐"→"水平居中（C）"，将整个表格设置为相对于文档的左右居中对齐，如图 11-36 所示。

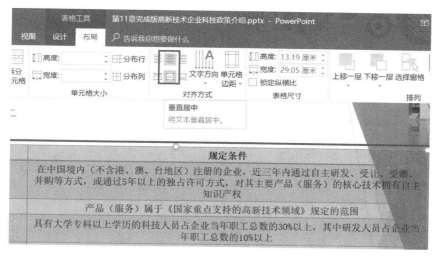

图 11-35　设置表格文字对齐

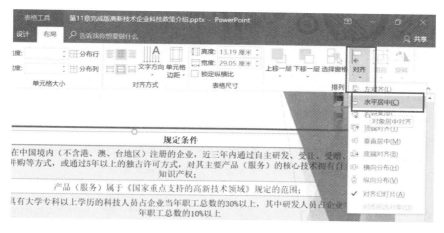

图 11-36　设置表格水平居中对齐

提示：(1)要在表格末尾快速插入新行，可单击最后一行中最后一个单元格，然后按 TAB 键。

(2)要添加行或列，可右击某个单元格，在弹出的菜单中单击"插入"，然后选择要插入行或列的位置。

(3)要删除行或列，可右击某个单元格，在弹出的菜单中单击"删除"，然后选择要删除的行或列。

8.设置幻灯片切换方式

补充知识点：

幻灯片切换

在演示文稿放映过程中由一张幻灯片进入另一张幻灯片就是幻灯片之间的切换，为了使幻灯片更具有趣味性，在幻灯片切换时可以使用不同的技巧和效果。

按照表 11-3 的要求设置幻灯片的切换方式。具体操作步骤如下。

表 11-3　幻灯片切换方式设置

节名	包含的幻灯片	设计主题
高新科技政策简介	1～3	涟漪
高新技术企业认定	4～12	覆盖
技术先进型服务企业认定	13～19	揭开
研发经费加计扣除	20～24	百叶窗
技术合同登记	25～32	库
其他政策	33～38	涡流

（1）设置第 1 节切换方式为"涟漪"。

选中第 1 节幻灯片,选择"切换"→"其他"→"华丽"→"涟漪",为第 1 节幻灯片设置切换效果为"涟漪",如图 11-37 所示。单击"效果选项"按钮,在弹出的下拉菜单中选择"自左下部"选项。选择"切换"→"计时",单击"声音"后的下三角按钮,在弹出的下拉列表中选择"无声音"选项,设置"持续时间"为"01.00"。

（2）设置第 2 节至第 6 节的切换方式。

按照与(1)相同的方法为第 2 节至第 6 节幻灯片设置不同的切换效果。

注意:除了可以为幻灯片设置不同的切换效果外,还可以选择"切换"→"计时"→"全部应用",将设置好的某一切换效果应用到演示文稿中的所有幻灯片,以统一切换效果。

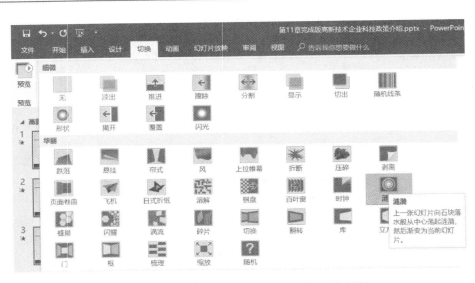

图 11-37　设置第 1 节幻灯片的切换效果为"涟漪"

9. 保存幻灯片

保存幻灯片的具体操作步骤如下。

1）调整幻灯片格式

对幻灯片的特殊设置至此结束，在保存幻灯片之前，要求设计者从第 1 张幻灯片开始检查幻灯片的字体大小、行间距和字体颜色等相关信息的设置，在这里不一一赘述。

2）放映幻灯片，查看效果

选择"幻灯片放映"→"开始放映幻灯片"→"从头开始"，再一次检查确认幻灯片放映效果。

3）保存

幻灯片设置完成后，选择"文件"→"另存为"，在弹出的"另存为"对话框中设置文件保存路径，并选择"保存类型"为"PowerPoint 97-2003 演示文稿（＊.ppt）"，确保与早期版本的兼容，如图 11-38 所示。

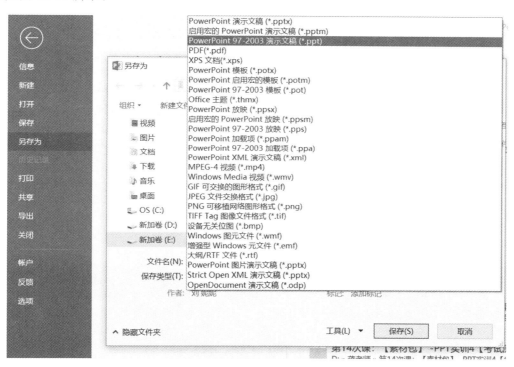

图 11-38　设置"另存为"对话框

本 章 小 结

本章主要介绍了如何利用现有 RTF 文件，制作演示文稿的过程，并且在演示文稿的制作过程中综合利用了幻灯片母版、主题、图片样式和版式等功能，同时还使用了动画、超链接和幻灯片切换等动画效果。本章的目的是综合应用 PowerPoint 2016 的强大功能，使制作的演示内容既美观又生动，给观众留下深刻的印象。同时本章讲解的知识点是"全国计算机等级考试二级 MS Office 高级应用"的重点考点，通过一个实例将知识点串接起来，方便读者熟练掌握。

习 题 11

已有幻灯片图 11-39 至图 11-42,按要求进行如下操作。

目录

· 背景及目的

· 研究体系

· 基本结论

图 11-39 幻灯片 1

背景及目的

· 研究背景
  - 在2002年度新华信轿车满意度研究中。设有专项内容用于调查汽车用户的购车行为特征,现将此部分内容的结果单独进行分析,以期帮助厂家更深入的了解汽车用户购车行为。
· 研究目的
  - 了解汽车购买者的基本背景情况
  - 了解目前汽车用户的以往车辆保有情况
  - 了解汽车购买者有关购车的基本行为特征

图 11-40 幻灯片 2

研究体系

· 本研究采用定量结构式问卷,与轿车满意度问卷一起对车主面访,本部分访问长度约为10-15分钟。

· 应用固定地点拦截访问的执行方式。其中部分访问在厂家授权特约维修站定点完成,部分访问在停车场,洗车场、写字楼等固定地点完成。

图 11-41 幻灯片 3

基本结论

· 目前小型轿车、紧凑型轿车、厢式车、SUV的私人消费群体均以25-45岁间的男性为主;其中欧的女性用户比例相对较高。

· 各级别的私车购买者以私营企业的总经理/董事长居多,小型轿车比较受一般员工的青睐。

· 大部分私人购车者是第一次进行汽车消费。

· 小型轿车、紧凑型轿车和SUV用户最关注价格;厢式车用户最关注总体性能。

图 11-42 幻灯片 4

1.幻灯片的设计模板设置为"暗香扑面"。

2.给幻灯片插入日期(自动更新,格式为×年×月×日)。

3.设置幻灯片的动画效果,要求:针对第 1 页幻灯片,按顺序设置以下的自定义动画效果。

(1)将文本内容"背景及目的"的进入效果设置为"自顶部 飞入"。

(2)将文本内容"研究体系"的强调效果设置为"彩色脉冲"。

(3)将文本内容"基本结论"的退出效果设置为"淡出"。

(4)将页面添加"前进"(后退或前一项)与"后退"(前进或下一项)的动作按钮。

4.按下面要求设置幻灯片的切换效果。

(1)设置所有幻灯片的切换效果为"自左侧 推进"。

(2)实现每隔 3 秒自动切换,也可以单击鼠标进行手动切换。

5.在最后增加一张幻灯片,设计出如下效果:单击鼠标,矩形不断放大,放大到尺寸 3 倍,重复显示 3 次,其他设置采用默认设置。具体效果分别如图 11-43、图 11-44 和图 11-45 所示。

图 11-43　原始　　　　　　　　　　　　　图 11-44　放大

图 11-45　恢复原始，重复 3 遍

6. 在最后增加一张幻灯片，设计出如下效果，单击鼠标，文字从底部垂直向上显示，其余设置采用默认设置。具体效果分别如图 11-46 至图 11-49 所示。

图 11-46　字幕从底端，尚未显示 　　　　　图 11-47　字幕开始垂直向上

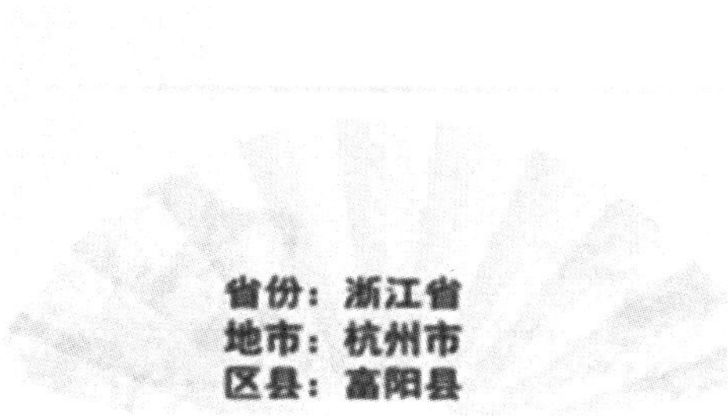

图 11-48　字幕继续垂直向上 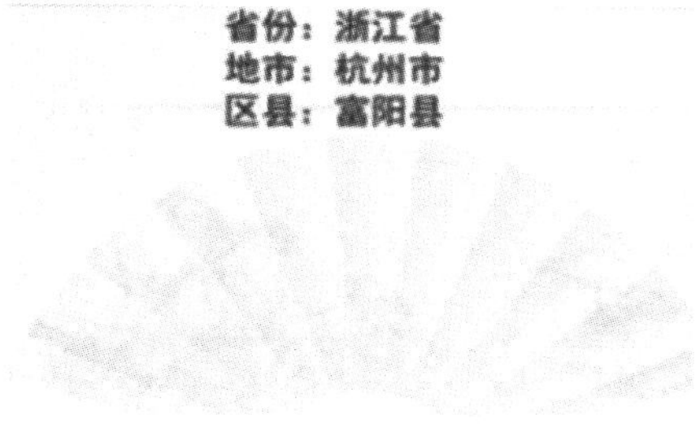　　　　　　　图 11-49　字幕垂直向上，最后消失

第12章 毕业论文答辩演示文稿制作

毕业论文答辩是一项有组织、有准备、有计划、有鉴定的比较正规的审查论文的重要活动。为了组织好毕业论文答辩，在举行答辩会之前，校方、答辩委员会、答辩者（撰写毕业论文的作者）三方都要做好充分的准备。在答辩会上，考官要仔细审核论文的水平。而学生要证明自己的论点是正确的。

无论是专科生、本科生还是研究生，毕业论文答辩都是不可忽略的一个环节，论文的撰写是学生对大学时期掌握的知识的总结与升华。论文答辩中的重要辅助工具是论文答辩的PPT，本章将详细介绍毕业论文答辩演示文稿制作的总体结构和每一页幻灯片制作的细节。

 ## 12.1 任务描述

张强是一名即将毕业的大四学生，马上要进行毕业论文答辩了，他想利用 PowerPoint 制作一个图文并茂，结构规范，能准确表达论文论点并给答辩评委留下美好印象的演示文稿。本任务的重点不是幻灯片的修饰美化技巧，而是幻灯片的框架结构的搭建。

本任务可分解为以下三个子任务。

1. 确定幻灯片结构

毕业答辩展示的内容应包括以下几个方面。

（1）自我介绍：自我介绍作为答辩的开场白，包括姓名、学号、专业。介绍时应举止大方、态度从容、面带微笑，礼貌得体，争取给答辩小组一个良好的印象。

（2）答辩人陈述：收到成效的自我介绍只是这场答辩的开始，接下来的自我陈述才进入正题。陈述的主要内容包括：论文标题；论文研究背景及任务；论文研究过程和方法；论文研究结果；图片展示结果；对结果进行讨论和总结。

（3）致谢：感谢答辩评委的聆听。

根据毕业答辩演示文稿需要呈现的内容，以十分钟的答辩时间为例，参照表 12-1，确定毕业答辩幻灯片容量为8张。第1张幻灯片，作为答辩内容的封面；第2张幻灯片，作为答辩内容的目录；第3张幻灯片，介绍背景及任务；第4张幻灯片，介绍研究方法；第5张幻灯片，介绍研究结果；第6张幻灯片，图片展示；第7张幻灯片，结果讨论；第8张幻灯片用于致谢。

表 12-1 答辩 PPT 等内容的确定

示例1	毕业答辩 PPT
估算容量	10 分钟的汇报，大概需要 7～19 张 PPT
谋篇布局	需要至少 60% 的篇幅案例突出重点内容，切记头重脚轻和中心议题含糊不清

2. 设置背景

通过母版设置幻灯片的背景。

3. 制作幻灯片

具体制作每一张幻灯片，幻灯片的完成效果如图 12-1 所示。

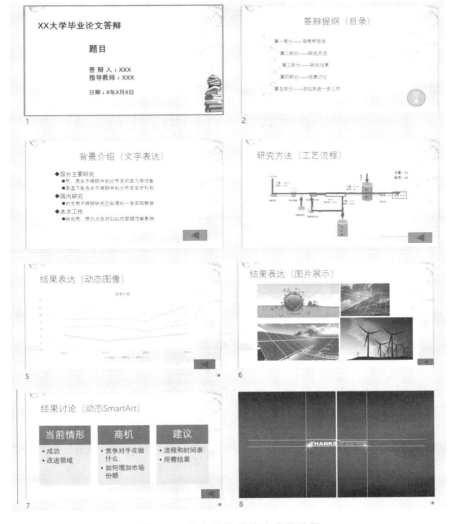

图 12-1　幻灯片的最终完成效果图

 ## 12.2　任务实施

12.2.1　通过母版设置幻灯片背景

（1）新建一个 PowerPoint 2016 文件，重命名为"毕业论文答辩.ppt"。打开文件，选择"视图"→"幻灯片母版"，如图 12-2 所示。

（2）选中第 2 张标题幻灯片版式，选择"背景"→"背景样式"→"设置背景格式（B）"，如图12-3所示，在右侧的"设置背景格式对话框"中选中"图片或纹理填充（P）"单选项。单击"文件（F）…"按钮，在弹出的对话框中选择素材中的"背景图片.jpg"插入，单击"应用到全部（L）"，关闭"设置背景格式"对话框，如图 12-4 所示。

（3）关闭母版视图，再新建 7 张幻灯片，其效果如图 12-5 所示。

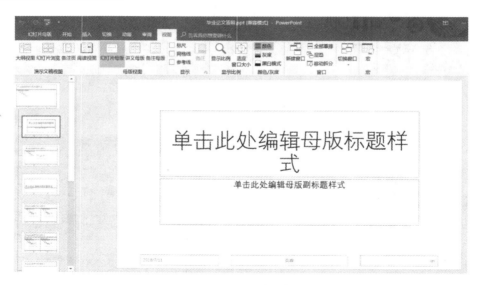

图 12-2　幻灯片母版

图 12-3　选择"设置背景格式(B)…"

图 12-4　"设置背景格式"
　　　　对话框

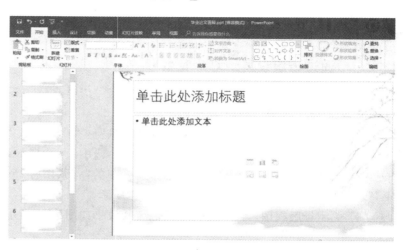

图 12-5　加上背景的幻灯片

12.2.2 幻灯片的具体制作

1.制作第1张幻灯片——答辩内容的封面

（1）调整版式。为了使作为封面的幻灯片能满足实际需要，可以对其版式进行调整。选中文本框，按 Delete 键，将第一张幻灯片设置为空白。选择"插入"→"文本框"→"横排文本框"命令，为便于格式的设置，在第一张幻灯片插入四个文本框，第1个文本框中输入内容"××大学毕业论文答辩"，字体格式为"宋体"，44号，加粗；第2个文本框输入内容"题目"字体格式为"宋体"，44号，加粗；第3个文本框分两行输入"答辩人：×××"和"指导教师：×××"字体格式为"宋体"，32号，加粗；第4个文本框输入"日期：×年×月×日"，字体格式为"宋体"，28号，加粗，突出重点。

（2）插入图片。选择"插入"→"图像"→"图片"命令，从弹出的"插入图片"对话框中选择要插入的图片"书.png"。

第一张幻灯片设计完成，如图12-6所示。

图 12-6 第1张幻灯片

2.制作第2张幻灯片——答辩内容的目录

（1）在标题文本框输入文字"答辩提纲（目录）"，保留其默认文字格式，居中。

（2）选择 SmartArt 图形。

为了增加目录的效果，目录的设置通过使用 SmartArt 图形来完成，选择"插入"→"插图"→"SmartArt"，在弹出的"选择 SmartArt 图形"对话框的"列表"选项卡中选中"垂直曲形列表"，单击"确定"按钮，如图12-7所示。最终的插入效果如图12-8所示。

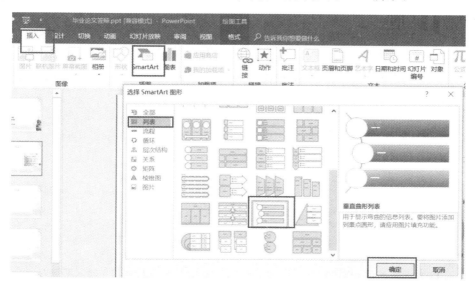

图 12-7 选择 SmartArt 图形

（3）设计 SmartArt。

选择"SmartArt 工具"→"设计"→"更改颜色"→"个性色1"→"彩色轮廓-个性颜色1"。

选择"SmartArt 工具"→"设计"→"SmartArt 样式"→"三维"→"优雅型"。

选择"SmartArt 工具"→"设计"→"添加形状"→"在后面添加形状"，经过以上操作得到的最终效果如图 12-9 所示。

答辩提纲（目录）

[文本]

[文本]

[文本]

图 12-8　插入 SmartArt 图形

答辩提纲（目录）

[文本]

[文本]

[文本]

[文本]

图 12-9　设计 SmartArt

选择"插入"→"图像"→"形状"，选择椭圆形，如图 12-10 所示。按住 Shift 键的同时拖动光标，在幻灯片右下角画出圆形，将其拖放到合适位置。

图 12-10　插入形状

选中图形，选择"绘图工具"→"格式"→"形状样式"→"形状填充"→"橙色"，将圆形的背景色填充为橙色。右击图形，在弹出的快捷菜单中选择"编辑文字"，输入"结束"，调整字体大小为 28 号，完成效果如图 12-11 所示。

（4）输入文字。

在 SmartArt 图形中输入文字，汇报内容分为五个大的部分：背景和任务、研究方法、研究结果、结果讨论和总结及进一步工作，如图 12-12 所示。

图 12-11　插入圆形效果图

图 12-12　输入汇报内容

（5）插入超链接。

为每个图形设置超级链接。选中要设置超级链接的第 1 个图形，选择"插入"→"链接"命令，在弹出的"编辑超链接"对话框的"链接到："选项栏中选择"本文档中的位置(A)"，在"请选择文档中的位置(C)"列表框中选择"3.幻灯片 3"，如图 12-13 所示。

依次将第 2 个图形（研究方法）链接到第 4 张幻灯片；将第 3 个图形（研究结果）链接到

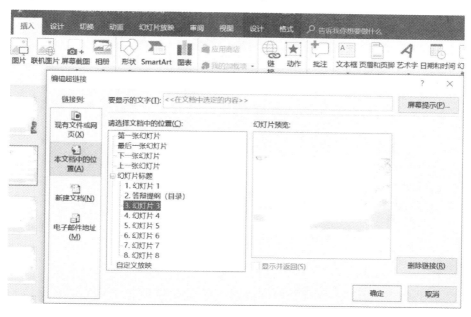

图 12-13　插入超链接

第 5 张幻灯片;将第 4 个图形(结果讨论)链接到第 6 张幻灯片;将第 5 个图像(总结及进一步工作)链接到第 7 张幻灯片;而"结束"图形链接到第 8 张幻灯片。

3.制作第 3 张幻灯片——介绍背景及任务

通过这一张幻灯片重点介绍项目符号和动作的使用。

1)文字输入

参照如图 12-14 所示的效果图,首先将标题和内容文本框的文字进行输入,并将标题文字居中显示。

2)提高列表级别

按照第 11 章介绍的方式,对图 12-15 画线处的文字进行操作,提高 1 次列表级别。

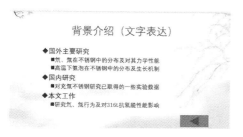

图 12-14　最终效果图

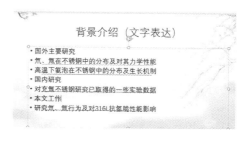

图 12-15　第 3 张幻灯片初始状态

3)设置项目符号

项目符号是放在文本(如列表中的项目)前以添加强调效果的点或其他符号。

将光标定位到内容文本框第 1 行文本的前面,选择"开始"→"段落"→"项目符号"→"带填充效果的钻石形项目符号",如图 12-16 所示。

将光标定位到内容文本框第 2 行文本前面,选择"开始"→"段落"→"项目符号"→"带填充效果的大方形项目符号"。

图 12-16　插入项目符号

依次为未设置项目符号的文字按级别设置项目符号，如图 12-14 所示。

项目符号设置完成后，选中内容文本框将其调整到在幻灯片中居中显示。

4）插入动作按钮

PPT 中，动作按钮的作用是：当点击或鼠标指向这个按钮时产生某种效果，如链接到某一张幻灯片、某个网站、某个文件；播放某种音效；运行某个程序等。

选择"插入"→"插图"→"形状"→"动作按钮"，选择"动作按钮：后退或前进一项"，如图 12-17 所示，在幻灯片右下角拖动光标，绘制图形后弹出"操作设置"对话框，选择"鼠标悬停"选项卡，单击单选按钮"超链接到（H）"，在下拉菜单中选中"上一张幻灯片"，单击"确定"按钮，如图 12-18 所示。至此，动作按钮设置完成。

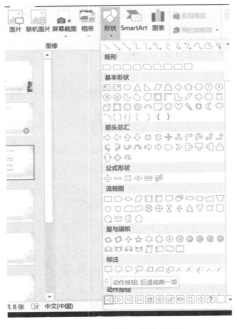

图 12-17　插入动作按钮

图 12-18　设置动作按钮

选中动作按钮,选择"绘图工具"→"格式"→"形状样式"→"彩色填充-蓝色,强调颜色5"。

4. 制作第 4 张幻灯片——介绍研究方法

通过这一张幻灯片重点介绍动态工艺流程的表示方法。为了表示动态性,可以以原来工艺流程图为基础,在上面添加一条线条。工艺流程如果是一条直线,可以选用绘图工具栏中的直线来表示工艺流程;如果工艺流程是不规则的,可选用任意多边形来表示。

1）输入标题

在标题栏输入标题"研究方法(工艺流程)"。

2）插入图片

选择"插入"→"图像"→"图片",打开插入图片对话框,在素材文件夹下选择图片"工艺流程.png"。

3）对工艺流程进行绘线

参照图 12-19 所示的最终结果对工艺流程进行画线。

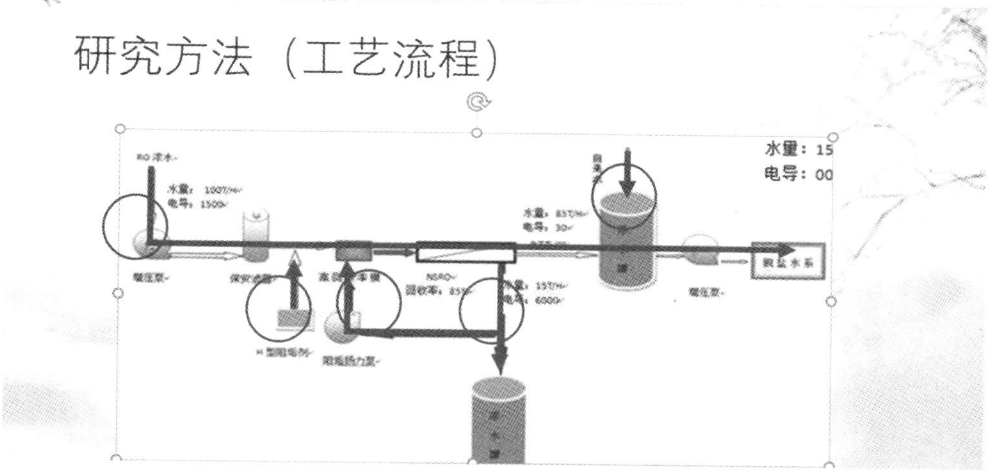

图 12-19　工艺流程最终效果图

选择"插入"→"插图"→"形状"→"连接符:肘形箭头",拖动光标绘制如图 12-18 编号为①的箭头。

选择"绘图工具"→"格式"→"形状样式"→"形状轮廓"→"标准色"→"紫色"。

选择"绘图工具"→"格式"→"形状样式"→"形状轮廓"→"粗细"→"6 磅"。

采用同样的方法绘制编号为②、③、④和⑤的箭头。

4）动画设计

选中编号为①的箭头,选择"动画"→"动画"→"其他"→"进入"→"擦出色"动画效果,设置其"效果选项"为"自左侧(L)",设置"开始"为"单击时",设置"持续时间"为 03.00,如图 12-20 所示。

设置"动画"时,还要考虑多个对象之间的相互衔接。多个对象之间的相互衔接可以在"动画"窗口的"开始"位置进行设置。第 1 条线条设置为"单击时";第 2、3、4、5 四条线条设置为"上一动画之后","持续时间"设置为"0.50"秒。这样,五条线条放映时就会形成一个整体。

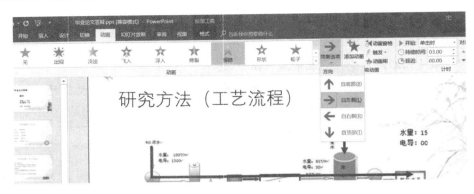

图 12-20　动画选项设置

5. 制作第 5 张幻灯片——介绍研究结果

通过第 5 张幻灯片重点介绍创建图表及动态图标设置。

（1）选择"插入"→"图表"，进入图表编辑状态，弹出如图 12-21 所示的图表和图 12-22 所示 Excel 参数表。

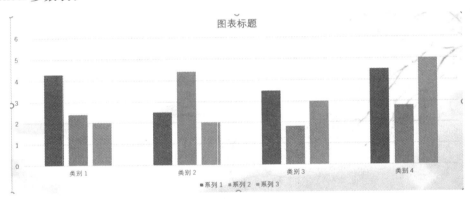

图 12-21　可用于编辑的图表

	A	B	C	D	E
1		系列 1	系列 2	系列 3	
2	类别 1	4.3	2.4	2	
3	类别 2	2.5	4.4	2	
4	类别 3	3.5	1.8	3	
5	类别 4	4.5	2.8	5	
6					
7					
8					

图 12-22　可用于修改的 Excel 表

可以在 Excel 参数表中修改数据。同时，对已插入的图表进行多方面的编辑处理，如修改表中的数据、改变图表类型和编辑图表格式等。在幻灯片中双击要编辑数据的图表，进入"图表"编辑状态。可以在"更改图表类型"中选择图表样式。右击图表区域，弹出快捷菜单，在"设置绘图区格式"中可进行颜色、字体等的设置。

图表上的曲线使用动态表示，可以大大增加图表的表达效果。曲线动态表示使用"动画"来实现。

（2）选中图表，选择"动画"→"动画"→"其他"→"擦除"，选择"效果选项"→"方向"→"自左侧（L）"，选择"动画"→"序列"→"按类别"，将持续时间改为"03∶00"。

第 5 张幻灯片如图 12-23 所示。

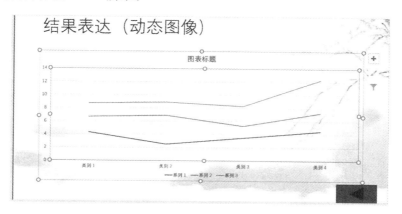

图 12-23 第 5 张幻灯片

6. 制作第 6 张幻灯片——图片展示

通过这一张幻灯片来重点介绍图片的缩放方式设置。

当需要用多张图片来表达比较结果时，如果把它们分散放在多张幻灯片中，对比不够明显。如果把它们放在同一张幻灯片，图片太小容易看不清楚。在 PowerPoint 2016 中可以实现单击小图片看到该图的放大图的效果。

（1）选择"插入"→"文本"→"对象"命令，在弹出的"插入对象"对话框中的"对象类型（I）"栏中选择"Microsoft PowerPoint 97-2003 Presentation"，单击"确定"按钮，如图 12-24 所示。

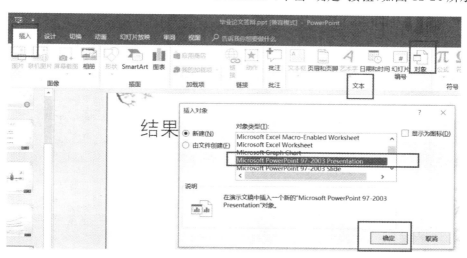

图 12-24 插入对象对话框

（2）此时就会在当前幻灯片中插入一个"PowerPoint 演示文稿"的编辑区域，选择"插入"→"图像"→"图片"，在弹出的"插入图片"对话框中选择素材文件"新能源 1.jpg"所在路径，将图片插入，如图 12-25 所示。

（3）重复上述步骤，将另外三幅图片"新能源 2.jpg"、"新能源 3.jpg"和"新能源 4.jpg"插入演示文稿，并进行适当的调整。

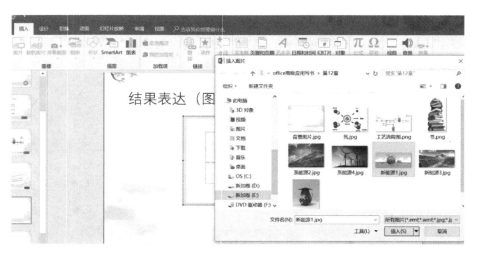

图 12-25　插入图片

在此编辑区域中可以对插入的演示文稿对象进行编辑,编辑方法与 PowerPoint 演示文稿的编辑方法一样。完毕后,单击"观看放映"命令进行演示,单击小图片马上会放大,再单击放大的图片马上又返回到了浏览小图片的幻灯片中。第 6 张幻灯片如图 12-26 所示。

图 12-26　第 6 张幻灯片效果图

7. 制作第 7 张幻灯片——结果讨论

(1)通过这一张幻灯片重点介绍动态 SmartArt 的设置。选择"插入"→"SmartArt"命令后,弹出"选择 SmartArt 图形"对话框,单击"列表"选择"水平项目符号列表",如图 12-27 所示。

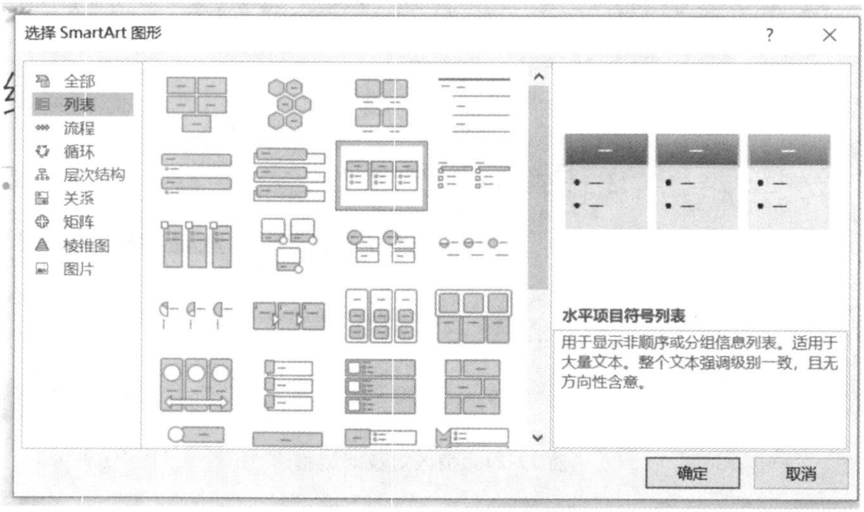

图 12-27　选择 SmartArt 图形对话框

(2)在标题文本框和 SmartArt 图形中输入文字。

(3)动态 SmartArt 显示,可以使用"动画"来实现。选中 SmartArt,设置"动画"效果为"擦除",在"效果选项"中选择"方向"为"自底部",设置"序列"为"逐个",设置"开始"为"单击时",设置"持续时间"为"05.00 秒"。这样每一个部件分别显示,可以起到很好的效果,第 7 张幻灯片如图 12-28 所示。

图 12-28　第 7 张幻灯片

8. 制作第 8 张幻灯片——用于致谢

幻灯片动画的制作需要制作者对动画的时间轴有深刻的认识,需要花费较多的时间。对于大多数人而言,常常可能是花了大量的时间却没有做出让自己满意的幻灯片。这时,读者不妨多去看一些优秀的幻灯片,然后从中选择自己需要的,可以借鉴使用。

第 8 张幻灯片要求将素材文件夹下"致谢.pptx"中的幻灯片,作为"毕业论文答辩.ppt"的最后一张幻灯片,并保留原主题格式。

选择"开始"→"幻灯片"→"新建幻灯片"→"重用幻灯片(R)…",如图12-29所示,在右侧弹出的"重用幻灯片"对话框中单击"浏览"按钮,打开素材文件夹中的文件"致谢.pptx",勾选"保留源格式",最后单击"幻灯片 1"插入幻灯片,如图 12-30 所示。

图 12-29　打开重用幻灯片　　　　　　图 12-30　设置重用幻灯片

补充：毕业答辩评委最爱问问题 Top 8。

（1）自己为什么选择这个课题？

（2）研究这个课题的意义和目的是什么？

（3）全文的基本框架、基本结构是如何安排的？

（4）全文的各部分之间逻辑关系如何？

（5）在研究本课题的过程中，发现了哪些不同见解？对这些不同的意见，自己是怎样逐步认识的？又是如何处理的？

（6）论文虽未论及，但与其较密切相关的问题还有哪些？

（7）还有哪些问题自己还没有搞清楚，在论文中论述得不够透彻？

（8）写作论文时立论的主要依据是什么？

本章小结

本章将毕业答辩时所要介绍的毕业设计背景及任务、研究方法、研究结果、结果讨论和总结及进一步工作等信息，巧妙的用 PowerPoint 2016 演示文稿的动画、表格、图表、图片等技术展示出来，为广大毕业生顺利通过毕业答辩提供了有用的帮助。

习　题　12

1.假设你是一位马上毕业的大学生，请结合自己的毕业设计与论文，制作体现自己毕业设计价值的演示文稿。

2.刘老师正在准备有关儿童孤独症的培训课件，按照下列要求，帮助刘老师组织资料、完成该课件的制作。

（1）在素材文件夹下，将"PPT 素材.pptx"文件，另存为"PPT.pptx"。

（2）依据素材文件夹下，文本文件"1-3 张素材.txt"中的大纲，在演示文稿最前面新建 3 张幻灯片，其中"儿童孤独症的干预与治疗""目录""基本介绍"，这三行内容为幻灯片标题，其下方的内容分别为各自幻灯片的文本内容。

（3）在"设计"选项卡下的页面设置中，设置幻灯片页面大小为：全屏显示 16∶10，并为演示文稿应用设计主题"聚合"。在"开始"选项卡下的"替换"工具中，将幻灯片中所有"黑体"字体替换为"微软雅黑"。

（4）在幻灯片母版视图的首张幻灯片中，右上角插入素材文件夹下的图片：剪贴画.wmf，并为该剪贴画颜色重新着色，设置为灰度，设置图片样式为"映像圆角矩形"，并使其置于底层，不遮挡其他内容。随后关闭母版视图。

（5）将第 1 张幻灯片的版式，设置为"标题幻灯片"，为标题和副标题，设置多重动画效果，其顺序为：单击时，标题在 0.5 秒内自左上角"飞入"；3 秒后，副标题自动在 1 秒内，从底部"浮入"；5 秒后，标题在 0.5 秒内自动到底部"飞出"；3 秒后，副标题自动在 1 秒内，从底部"浮出"。

（6）将第 2 张幻灯片的版式，设置为"图片与标题"，将素材文件夹下的图片"pic1.jpg"插入到幻灯片图片框中。

（7）在开始选项卡下，设置该页幻灯片目录内容，字号为 14，分为两栏（两列），并应用格式为：1.、2.、3.、…的编号。

（8）为目录中的每项内容，分别添加可跳转至相应幻灯片的超链接，并适当调整内容文本框的大小。

（9）将第 3 张幻灯片的版式，设置为"两栏内容"，并在"设计"选项卡中，设置其背景样式为"样式 5"；在右侧的文本框中，插入一个 5 行 2 列的表格，将"基本信息（见表）"下方的文本，移动到右侧表格中，并根据内容，适当调整表格列宽、大小、对齐方式及位置。

在该幻灯片的右上角，插入一个形状名为"第一张"的动作按钮，设置该动作按钮的高度和宽度均为 2 厘米，设置该动作按钮的位置为：距离左上角，水平距离为 18 厘米，垂直距离为 1 厘米，设置该按钮的超链接动作为：单击鼠标时超链接至第一张幻灯片，鼠标移过时超链接至最后一张幻灯片。

（10）通过复制粘贴幻灯片，或在幻灯片大纲中采用降低列表级别的方式，将第 6 张幻灯片，拆分为 4 张标题都为"临床表现"、内容分别为 1～4 的幻灯片。

（11）将第 11 张幻灯片中的文本内容，转换为"表层次结构"的 SmartArt 图形，设置图形颜色为："彩色-强调文字颜色"，样式为"三维 优雅型"。

在"开始"选项卡下，更改最下面的文本框文字方向为竖排，并适当调整图形的大小及位置。

为 SmartArt 图形，添加"弹跳"的动画效果，令 SmartArt 图形伴随着"风铃"声，逐个按顺序"弹跳"式进入。

将左侧的红色文本，作为该张幻灯片的备注文字，并删除原备注文本框。

（12）设置除标题幻灯片外，其他幻灯片均包含幻灯片编号和内容为"儿童孤独症的干预与治疗"的页脚。

（13）为所有幻灯片，均应用"切换"的切换效果。

（14）将素材文件夹下"结束片.pptx"中的幻灯片，作为 PPT.pptx 的最后一张幻灯片，并保留原主题格式。

第13章 全国计算机等级考试二级 MS Office 高级应用

13.1 全国计算机等级考试介绍

全国计算机等级考试（NCRE）是经原国家教育委员会（现教育部）批准，由教育部考试中心主办，面向社会，用于考查应试人员计算机应用知识与技能的全国性计算机水平考试体系。NCRE 考试采用全国统一命题，统一考试的形式。

从 2013 年下半年考试开始，考试级别一级到四级的所有科目全部采用无纸化考试。成绩合格者由教育部考试中心颁发考试合格证书。合格证书用中、英文两种文字书写，全国通用。考试成绩为 90 分以上者，合格证书上注明"优秀"字样，证书如图 13-1 所示。

图 13-1 全国计算机等级考试二级证书

13.2 考试大纲（2013 年版）

■ **基本要求**

1.掌握计算机基础知识及计算机系统组成。

2.了解信息安全的基本知识,掌握计算机病毒及防治的基本概念。

3.掌握多媒体技术的基本概念和基本应用。

4.了解计算机网络的基本概念和基本原理,掌握因特网网络服务和应用。

5.正确采集信息并能在文字处理软件 Word、电子表格软件 Excel、演示文稿制作软件 PowerPoint 中熟练应用。

6.掌握 Word 的操作技能,并熟练应用其编制文档。

7.掌握 Excel 的操作技能,并熟练应用其进行数据计算及分析。

8.掌握 PowerPoint 的操作技能,并熟练应用其制作演示文稿。

■ **考试内容**

一、计算机基础知识

1.计算机的发展、类型及其应用领域。

2.计算机软硬件系统的组成及主要技术指标。

3.计算机中数据的表示与存储。

4.多媒体技术的概念与应用。

5.计算机病毒的特征、分类与防治。

6.计算机网络的概念、组成和分类;计算机与网络信息安全的概念和防控。

7.因特网网络服务的概念、原理和应用。

二、Word 的功能和使用

1.Microsoft Office 应用界面使用和功能设置。

2.Word 的基本功能,文档的创建、编辑、保存、打印和保护等基本操作。

3.设置字体和段落格式、应用文档样式和主题、调整页面布局等排版操作。

4.文档中表格的制作与编辑。

5.文档中图形、图像(片)对象的编辑和处理,文本框和文档部件的使用,符号与数学公式的输入与编辑。

6.文档的分栏、分页和分节操作,文档页眉、页脚的设置,文档内容引用操作。

7.文档审阅和修订。

8.利用邮件合并功能批量制作和处理文档。

9.多窗口和多文档的编辑,文档视图的使用。

10.分析图文素材,并根据需求提取相关信息引用到 Word 文档中。

三、Excel 的功能和使用

1.Excel 的基本功能,工作簿和工作表的基本操作,工作视图的控制。

2.工作表数据的输入、编辑和修改。

3.单元格格式化操作、数据格式的设置。

4.工作簿和工作表的保护、共享及修订。

5.单元格的引用、公式和函数的使用。

6.多个工作表的联动操作。

7. 迷你图和图表的创建、编辑与修饰。

8. 数据的排序、筛选、分类汇总、分组显示和合并计算。

9. 数据透视表和数据透视图的使用。

10. 数据模拟分析和运算。

11. 宏功能的简单使用。

12. 获取外部数据并分析处理。

13. 分析数据素材，并根据需求提取相关信息引用到 Excel 文档中。

四、PowerPoint 的功能和使用

1. PowerPoint 的基本功能和基本操作，演示文稿的视图模式和使用。

2. 演示文稿中幻灯片的主题设置、背景设置、母版制作和使用。

3. 幻灯片中文本、图形、SmartArt、图像（片）、图表、音频、视频、艺术字等对象的编辑和应用。

4. 幻灯片中对象动画、幻灯片切换效果、链接操作等交互设置。

5. 幻灯片放映设置，演示文稿的打包和输出。

6. 分析图文素材，并根据需求提取相关信息引用到 PowerPoint 文档中。

考试方式

采用无纸化考试，上机操作。

考试时间：120 分钟。

软件环境：操作系统 Windows 7。

办公软件 Microsoft Office 2010。

在指定时间内，完成下列各项操作：

① 选择题（计算机基础知识）（20 分）；

② Word 操作（30 分）；

③ Excel 操作（30 分）；

④ PowerPoint 操作（20 分）。

13.3　模拟试题

一、选择题（每小题 1 分。共 20 分）

1. 下列叙述中正确的是（　　）。

A. 循环队列是队列的一种链式存储结构

B. 循环队列是队列的一种顺序存储结构

C. 循环队列是非线性结构

D. 循环队列是一种逻辑结构

2. 下列关于线性链表的叙述中，正确的是（　　）。

A. 各数据结点的存储空间可以不连续，但它们的存储顺序与逻辑顺序必须一致

B. 各数据结点的存储顺序与逻辑顺序可以不一致，但它们的存储空间必须连续

C. 进行插入与删除时，不需要移动表中的元素

D. 以上说法均不正确

3. 一棵二叉树共有 25 个结点，其中 5 个是叶子结点，则度为 1 的结点数为（　　）。

A. 16　　　　　　　B. 10　　　　　　　C. 6　　　　　　　D. 4

4. 在下列模式中,能够给出数据库物理存储结构与物理存取方法的是( )。

A. 外模式　　　　　　　B. 内模式　　　　　　　C. 概念模式　　　　　　　D. 逻辑模式

5. 在满足实体完整性约束的条件下( )。

A. 一个关系中应该有一个或多个候选关键字

B. 一个关系中只能有一个候选关键字

C. 一个关系中必须有多个候选关键字

D. 一个关系中可以没有候选关键字

6. 有三个关系 R、S 和 T 如下:

R		
A	B	C
a	1	2
b	2	1
c	3	1

S	
A	B
c	3

T
C
1

则由关系 R 和 s 得到关系 T 的操作是( )。

A. 自然连接　　　　　　B. 交　　　　　　　C. 除　　　　　　　D. 并

7. 下面描述中,不属于软件危机表现的是( )。

A. 软件过程不规范　　　　　　　　　B. 软件开发生产率低

C. 软件质量难以控制　　　　　　　　D. 软件成本不断提高

8. 下面不属于需求分析阶段任务的是( )。

A. 确定软件系统的功能需求　　　　　　B. 确定软件系统的性能需求

C. 需求规格说明书评审　　　　　　　　D. 制定软件集成测试计划

9. 在黑盒测试方法中,设计测试用例的主要根据是( )。

A. 程序内部逻辑　　　　　　　　　　B. 程序外部功能

C. 程序数据结构　　　　　　　　　　D. 程序流程图

10. 在软件设计中不使用的工具是( )。

A. 系统结构图　　　　　　　　　　　B. PAD 图

C. 数据流图(DFD 图)　　　　　　　　D. 程序流程图

11. 下列的英文缩写和中文名字的对照中,正确的是( )。

A. CAD——计算机辅助设计　　　　　　B. CAM——计算机辅助教育

C. CIMS——计算机集成管理系统　　　　D. CAI——计算机辅助制造

12. 在标准 ASCⅡ 编码表中,数字码、小写英文字母和大写英文字母的前后次序是( )。

A. 数字、小写英文字母、大写英文字母

B. 小写英文字母、大写英文字母、数字

C. 数字、大写英文字母、小写英文字母

D. 大写英文字母、小写英文字母、数字

13. 字长是 CPU 的主要技术性能指标之一,它表示的是( )。

A. CPU 的计算结果的有效数字长度

B. CPU 一次能处理二进制数据的位数

C. CPU 能表示的最大的有效数字位数

D. CPU 能表示的十进制整数的位数

14．下列软件中,不是操作系统的是(　　　)。

A. Linux　　　　　　　B. UNIX　　　　　　　C. MS DOS　　　　　　D. MS Office

15．下列关于计算机病毒的叙述中,正确的是(　　　)。

A. 计算机病毒的特点之一是具有免疫性

B. 计算机病毒是一种有逻辑错误的小程序

C. 反病毒软件必须随着新病毒的出现而升级,提高查、杀病毒的功能

D. 感染过计算机病毒的计算机具有对该病毒的免疫性

16．关于汇编语言程序(　　　)。

A. 相对于高级程序设计语言程序具有良好的可移植性

B. 相对于高级程序设计语言程序具有良好的可度性

C. 相对于机器语言程序具有良好的可移植性

D. 相对于机器语言程序具有较高的执行效率

17．组成一个计算机系统的两大部分是(　　　)。

A. 系统软件和应用软件　　　　　　　　B. 硬件系统和软件系统

C. 主机和外部设备　　　　　　　　　　D. 主机和输入/出设备

18．计算机网络是一个(　　　)。

A. 管理信息系统　　　　　　　　　　　B. 编译系统

C. 在协议控制下的多机互联系统　　　　D. 网上购物系统

19．用来存储当前正在运行的应用程序和其相应数据的存储器是(　　　)。

A. RAM　　　　　　　B. 硬盘　　　　　　　C. ROM　　　　　　　D. CD-ROM

20．根据域名代码规定,表示政府部门网站的域名代码是(　　　)。

A. . Net　　　　　　　B. . corn　　　　　　　C. . gov　　　　　　　D. . org

二、字处理题(共 30 分)

请在【答题】菜单下选择【进入考生文件夹】命令,并按照题目要求完成下面的操作。

注意:以下的文件必须都保存在考生文件夹[％USER％]下。

在考生文件夹下打开文档"Word. docx",按照要求完成下列操作并以该文件名"word. docx"保存文档。

(1) 调整纸张大小为 B5,页边距的左边距为 2 cm,右边距为 2 cm,装订线 1 cm,对称页边距。

(2) 将文档中第一行"黑客技术"为 1 级标题,文档中黑体字的段落设为 2 级标题,斜体字段落设为 3 级标题。

(3) 将正文部分内容设为四号字,每个段落设为 1.2 倍行距且首行缩进 2 字符。

(4) 将正文第一段落的首字"很"下沉 2 行。

(5) 在文档的开始位置插入只显示 2 级和 3 级标题的目录,并用分节方式令其独占一页。

(6) 文档除目录页外均显示页码,正文开始为第 1 页,奇数页码显示在文档的底部靠右,偶数页码显示在文档的底部靠左。文档偶数页加入页眉,页眉中显示文档标题"黑客技术",奇数页页眉没有内容。

(7) 将文档最后 5 行转换为 2 列 5 行的表格,倒数第 6 行的内容"中英文对照"作为该表格的标题,将表格及标题居中。

（8）为文档应用一种合适的主题。

三、电子表格题（共 30 分）

请在【答题】菜单下选择【进入考生文件夹】命令，并按照题目要求完成下面的操作。

注意：以下的文件必须都保存在考生文件夹[％USER％]下。

小李是东方公司的会计，利用自己所学的办公软件进行记账管理，为节省时间，同时又确保记账的准确性，她使用 Excel 编制了 2014 年 3 月员工工资表"Excel.xlsx"。

请你根据下列要求帮助小李对该工资表进行整理和分析（提示：本题中若出现排序问题则采用升序方式）。

（1）通过合并单元格，将表名"东方公司 2014 年 3 月员工工资表"放于整个表的上端、居中，并调整字体、字号。

（2）在"序号"列中分别填入 1 到 15，将其数据格式设置为数值、保留 0 位小数、居中。

（3）将"基础工资"（含）往右各列设置为会计专用格式、保留 2 位小数、无货币符号。

（4）调整表格各列宽度、对齐方式，使得显示更加美观。并设置纸张大小为 A4、横向，整个工作表需调整在 1 个打印页内。

（5）参考考生文件夹下的"工资薪金所得税率.xlsx"，利用 IF 函数计算"应交个人所得税"列。（提示：应交个人所得税＝应纳税所得额×对应税率－对应速算扣除数）

（6）利用公式计算"实发工资"列，公式为：实发工资＝应付工资合计－扣除社保－应交个人所得税。

（7）复制工作表"2014 年 3 月"，将副本放置到原表的右侧，并命名为"分类汇总"。

（8）在"分类汇总"工作表中通过分类汇总功能求出各部门"应付工资合计"、"实发工资"的和，每组数据不分页。

四、演示文稿题（共 20 分）

请在【答题】菜单下选择【进入考生文件夹】命令，并按照题目要求完成下面的操作。

注意：以下的文件必须都保存在考生文件夹[％USER％]下。

请根据提供的素材文件"ppt 素材.docx"中的文字、图片设计制作演示文稿，并以文件名"ppt.pptx"存盘，具体要求如下。

（1）将素材文件中每个矩形框中的文字及图片设计为 1 张幻灯片，为演示文稿插入幻灯片编号，与矩形框前的序号一一对应。

（2）第 1 张幻灯片作为标题页，标题为"云计算简介"，并将其设为艺术字，有制作日期（格式：×××年××月××日），并指明制作者为"考生×××"。

第 9 张幻灯片中的"敬请批评指正！"采用艺术字。

（3）幻灯片版式至少有 3 种，并为演示文稿选择一个合适的主题。

（4）为第 2 张幻灯片中的每项内容插入超级链接，点击时转到相应幻灯片。

（5）第 5 张幻灯片采用 SmartArt 图形中的组织结构图来表示，最上级内容为"云计算的五个主要特征"，其下级依次为具体的五个特征。

（6）为每张幻灯片中的对象添加动画效果，并设置三种以上幻灯片切换效果。

（7）增大第 6、7、8 页中图片的显示比例，达到较好的效果。

参 考 文 献

［1］ 教育部考试中心. 全国计算机等级二级考试教程——MS Office 高级应用（2018 年版）
［M］. 北京：高等教育出版社，2017.

［2］ 龚轩涛，陈昌平，徐鸿雁. Office 2016 高级应用与 VBA 技术［M］. 北京：电子工业出版
社，2018.

［3］ 刘强. 办公自动化高级应用案例教程（Office 2016）［M］. 北京：电子工业出版社，2018.

［4］ 杨久婷. Word 2010 高级应用案例教程［M］. 北京：清华大学出版社，2017.

［5］ 张鹏飞，欧阳国军. Office 高级应用［M］. 广州：中山大学出版社，2014.

［6］ Excel Home. Excel 2010 实战技巧精粹［M］. 北京：人民邮电出版社，2013.

［7］ 李政. VBA 任务驱动教程［M］. 北京：国防工业出版社，2014.

［8］ 陈遵德. Office 2010 高级应用案例教程［M］. 北京：高等教育出版社，2014.